"中国饭碗"丛书

丛书主编 师高民

"十四五"时期国家重点出版物出版专项规划项目

万食之缘·小麦

师高民 编著

南京出版传媒集团
南京出版社

图书在版编目（CIP）数据

万食之缘·小麦 / 师高民编著. -- 南京：南京出
版社，2022.6
　（中国饭碗）
　ISBN 978-7-5533-3437-0

Ⅰ.①万… Ⅱ.①师… Ⅲ.①小麦－青少年读物
Ⅳ.①S512.1-49

中国版本图书馆CIP数据核字（2021）第212427号

丛 书 名　　"中国饭碗"丛书
丛书主编　　师高民
书 　　名　　万食之缘·小麦
作 　　者　　师高民
绘 　　图　　林　隧　师晴怡
插 　　画　　谷创业　赵　星　李　哲
出版发行　　南京出版传媒集团
　　　　　　南 京 出 版 社
　　　社址：南京市太平门街53号　　邮编：210016
　　　网址：http://www.njcbs.cn　　电子信箱：njcbs1988@163.com
　　　联系电话：025-83283893、83283864（营销）　025-83112257（编务）

出 版 人　　项晓宁
出 品 人　　卢海鸣
责任编辑　　樊立文
装帧设计　　赵海玥　王　俊
责任印制　　杨福彬

制 　　版　　南京新华丰制版有限公司
印 　　刷　　南京凯德印刷有限公司
开 　　本　　787毫米×1092毫米　1/32
印 　　张　　5.25
字 　　数　　76千
版 　　次　　2022年6月第1版
印 　　次　　2022年6月第1次印刷
书 　　号　　ISBN 978-7-5533-3437-0
定 　　价　　28.00元

用微信或京东
APP扫码购书

用淘宝APP
扫码购书

编委会

特邀顾问

郐建伟	戚世钧	卞　科	刘志军	李成伟	李学雷
洪光住	曹幸穗	任高堂	李景阳	何东平	郑邦山
李志富	王云龙	娄源功	刘红霞	李经谋	常兰州
胡同胜	惠富平	魏永平	苏士利	黄维兵	傅　宏

主编单位

河南工业大学　　　　　　中国粮食博物馆

支持单位

中国农业博物馆　　　　　银川市粮食和物资储备局

西北农林科技大学　　　　沈阳师范大学

隆平水稻博物馆　　　　　中国农业大学

南京农业大学　　　　　　武汉轻工大学

苏州农业职业技术学院　　洛阳理工学院

总序

　　"Food for All"（人皆有食），这是联合国粮食及农业组织的目标，也是全球每位公民的梦想。承蒙南京出版社的厚爱，我有幸主编"中国饭碗"丛书，深感责任重大！

　　"中国饭碗"丛书是根据习近平总书记"中国人的饭碗任何时候都要牢牢端在自己手中，我们的饭碗应该主要装中国粮"的重要指示精神而立题，将众多粮食品种分别著述并进行系统组合的系列丛书。

　　粮食，古时行道曰粮，止居曰食。无论行与止，人类都离不开粮食。它眷顾人类，庇佑生灵。悠远时代的人们尊称粮食为"民天"，彰显芸芸众生对生存物质的无比敬畏，传达宇宙间天人合一的生命礼赞。从洪荒初辟到文明演变，作为极致崇拜的神圣图腾，人们对它有着至高无上的情感认同和生命寄托。恢宏厚重的人类文明中，它见证了风雨兼程的峥嵘岁月，记录下人世间纷纭精彩的沧桑变迁。粮食发展的轨迹无疑是人类发展的主线。中华民族几千年农耕文明进程中，笃志开拓，筚路蓝缕，奉行民以食为天的崇高理念，辛勤耕耘，力田为生，祈望风调雨顺，粮丰廪实，向往山河无恙，岁月静好，为端好养育自己的饭碗抒写了一篇篇波澜壮阔的辉煌史诗。香火旺盛的粮食家族，饱经风雨沧桑，产生了众多优秀成员。它们不断繁衍，形成了多姿多彩的粮食王国。"中国饭碗"丛书就是记录这些艰难却美好的文化故事。

我国古代曾以"五谷"作为全部粮食的统称，主要有黍、稷、菽、麦、稻、麻等，后在不同的语境中出现了多种版本。在文明的交流融汇中，各种粮食品种从中东、拉美和中国逐步播撒五洲，惠泽八方。现在人们广泛称谓的粮食是指供食用的各种植物种子的总称。

随着人类社会的发展、科技的进步和人们对各种植物的进一步认识，粮食的品种越来越多。目前，按照粮食的植物属性，可分为草本粮食和木本粮食，比如，水稻、小麦、大豆等属于草本粮食；核桃、大枣、板栗等则是木本粮食的代表。按照粮食的实用性划分，有直接食用的粮食，比如，小麦、水稻、玉米等；也有间接食用的粮食，比如说油料粮食，包括油菜籽、花生、葵花籽、芝麻等。凡此，粮食种类不下百种，这使得"中国饭碗"丛书在题材选取过程中颇有踌躇。联合国粮食及农业组织（FAO）指定的四种主粮作物首先要写，然后根据各种粮食的产量大小和与社会生活的密切程度进行选择。丛书依循三类粮食（即草本粮食、木本粮食和油料粮食）兼顾选题。

对于丛书的内容策划，总体思路是将每种粮食从历史到现代，从种植到食用，从功用到文化，叙写各种粮食的发源、传播、进化、成长、布局、产能、生物结构、营养成分、储藏、加工、产品以及对人类和社会发展的文化影响等。在图书表现形式上，力求图文并茂，每本书创作一个或数个卡通角色，贯穿全书始终，提高其艺术性、故事性和趣味性，以适合更大范围的读者群体。力图用一本书相对完整地表达一种粮食的复杂身世和文化影响，为人们认识粮食、敬畏粮食、发展粮食、珍惜粮食，实现对美好生活的向往，贡献一份力量。

凡益之道，与时偕行。进入新时代，中国人民更加关注食物的营养与健康，既要吃得饱，更要吃得好、吃得放心。改革开放以来，我国的粮食产量不断迈上新台阶，2021年，粮食总产量已连续7年保持在1.3万亿斤以上。我国以占世界7%的土地，生产出世界20%的粮食。处丰思歉，居安思危。在珍馐美食和饕餮盛宴背后，出现的一些奢靡浪费现象也令人触目惊心。恣意挥霍和产后储运加工等环节损失的粮食，全国每年就达1000亿斤以上，可供3.5亿人吃一年。全世界每年损失和浪费的粮食数量多达13亿吨，近乎全球产量的三分之一。"一粥一饭，当思来之不易；半丝半缕，恒念物力维艰。"发展生产，节约减损，抑制不良的消费冲动，正成为全社会的共识和行动纲领。

"春种一粒粟，秋收万颗籽"，粮食忠实地眷顾着人类，人们幸运地领受着粮食给予的充实与安宁。敬畏粮食就是遵守人类心灵的律法。感恩、关注、发展、爱惜粮食，世界才会祥和美好，人类才会幸福生活。我们在陶醉于粮食恩赐的种种福利时，更要直面风云激荡中的潜在危机和挑战。历朝历代政府都把粮食作为维系国计民生的首要战略目标，制定了诸多重粮贵粟的政策法规，激励并保护粮食的生产流通和发展。行之有效的粮政制度发挥了稳邦安民的重要作用，成为社会进步的强大动力和保障。保证粮食安全，始终是国家安全重要的题中之义。

国以民为本，民以食为天。在习近平新时代中国特色社会主义思想指引下，全国数十位专家学者不忘初心、精雕细琢，全力将"中国饭碗"丛书打造成为一套集历史性、科技性、艺术性、趣味性为一体，适合社会大众特别是中小学生阅读的粮食文化科普读物。希望这套丛书有助于人们牢固树立总体国家安全观，深入实施国家粮食安全战略，进一步加强粮食生产能力、储备能力、流通能力建设，推动粮食产业高质量发展，提高国家粮食安全保障能力，铸造人们永世安康的"铁饭碗""金饭碗"！

师高民

（作者系中国粮食博物馆馆长、中国高校博物馆专业委员会副主任委员、河南省首席科普专家、河南工业大学教授）

前言

　　记忆犹新的家乡，20世纪70年代初的一座华北古镇。街上逢集，热闹非凡，熙熙攘攘，人们买卖着品种有限的商品，半条街都是粮食交易，主要是小麦。来往拥挤的人流中，有一人肩膀前后搭着两个盖着白纱布棉被的藤编篮子，手里端着大半碗鲜红鲜红的辣椒油，大声吆喝着："白馍，白馍，白馍蘸辣子，两毛钱一个！"一个有钱人掏出皱巴巴的两毛钱给了卖馍人，买回一个雪白的热乎乎的馒头。左手捏着松软筋道的馒头，右手撕下一大块，在辣椒油碗里深深地蘸了一下，往左手的馒头上沾沾，一大口塞进了嘴里，津津有味地嚼起来，空气中弥漫着淡淡的麦香，那个爽劲引人注目！我非常"绅士"地斜瞄了一眼，馋得口舌生津，尴尬异常！心里想，这不就是神仙的日子吗？

　　现在，人们每天都在享用着小麦带来的慷慨恩惠，却不知道小麦的前世今生。不认识它何以热爱它、敬畏它？不热爱它何以珍惜它、节约它？馒头大饼面包面条，各种花样的面食，"称霸"着现代人们的餐桌，而它们的来源都是这超级绝伦的小麦。世间万事，颇多奇妙，时空之谜，难解深奥。广受青睐的小麦，命运给了它不凡的性格，天地给了它特殊的款待。在全球谷物中，唯独它被安排为秋冬春夏、一茬四季，它的生长、发育、成熟、收获的生命周期跨越了两个年头，在所有粮食作物中独树一帜，比其他任何传播到全球的伟大禾本科植物更能适应生态环境。

在漫长的生物进化、改良、迁徙的过程中，小麦其实也是命运多舛、饱经磨难的。风调雨顺并非常态，生不逢时，倒是往往难以幸免。时常光顾的风刀霜剑，反复折腾的人祸动乱，使它在凉冷温热的坎坷交替和四季轮回中千锤百炼，成就了一身亲和人类、强壮自身、异于同类的特质和本能，成为亿众感恩、举世敬畏的生命图腾。小麦，乃所有粮食的"形象大使"，麦德图案已成为人类公认的象征农业和粮食文明的重要标志。在世界各国深厚历史和现实渊源的饮食习惯中，小麦是唯一一种能成为全世界主食的粮食作物。人们给它冠以"粮中魁首，食中精华"的崇高礼赞。

本书从自然、历史、科技、文化的多重维度，条分缕析，娓娓谈道。尽量全面系统地表达小麦的发源、传播、进化、成长、产能、农技发展及籽粒结构成分、储藏、加工、食品、对人类社会的文化影响等内容。揭开它的神秘面纱，看看它如何与人类相互共生、相互利用、相互依赖，共同拓殖世界；看看它如何在岁月凋零的命运中脱颖而出，登上众多粮食中的第一位置，成为惠及四海的济世天物。

目录

嗨，我是麦童！

我是小麦！我源于西亚，追随人类，华丽转身，奉献自我，利用人类完善自身，繁衍、扩张、壮大。

我是人类！我培植小麦，传播小麦，珍藏小麦，加工小麦，依靠小麦养育自身，成长、发展、强大。

一、"麦"向世界话渊源

在远古时期的地理大发现之后，人类由野蛮懵懂历经万千磨砺，逐渐迈进了文明智慧的新阶段。1万多年前，地球上不同地域的人类群落，相继开始了历史性的身份蜕变，原来的渔猎人群向林草牧人群转变，原来的采摘人群向农耕人群转变，从而分为农、牧两个不同的族群，形成了两种不同的社会体制和形态。

人们通过多样性的文化交流，把自身特有的动植物驯化培育技术从原生地向世界各地流转传播。历经沧桑岁月的艰难嬗变，农耕族群克服水土气候、作物种群的制约和影响，不断发现，不断发明，不断创造，不断改进提高农作物的优胜劣汰和耕作技术水平。在物竞天择和人工技术的精心培育下，优势物种得以壮大扩张，产能不断增强，从而丰富了人们的食物品类，催生了不同地域新的粮食生产类型。

小麦是禾本科植物，是小麦属植物的统称。漫长的岁月，经过自然和人工的培育，成为所有伟大禾本科植物中的精英——称霸世界的"普通小麦"（学名：Triticum aestivum L.），其颖果是现代人类的重要主食。然而关于小麦的起源，却存在多种不同的说法。

1. 野生小麦的栖息地

据专家考证，世界上存在四个农业起源中心区，分别是西亚、中国、中南美洲、非洲北部。现今社会主要的农作物品种和家养动物品种，绝大部分起源于这四个农业起源中心区。其中西亚地区出土的野生和栽培小麦炭化麦粒与麦穗、麦粒在硬泥上的印痕，都表明最初的小麦就起源于西亚的半月形地带。

约旦河谷的杰里科和泰尔阿斯瓦德一带，在对应着公元前七千到八千年的地层中，曾种有一粒与两粒小麦。今天这些地方的生态环境看上去是如此的荒凉不毛，尽是含盐和钠的沙漠。然而在1万年以前的杰里科，从那时可能就已建筑的城墙上举目眺望，可以看到一片扇形的冲积平原，涓涓细流沿着犹地亚山区冲刷而下，注入约旦河，再缓缓向南流进太巴列湖。这里有肥沃的小麦田，据说就像"上帝的花园"。人们在这个"花园"里采食着他们所需的果实。

河面上波光粼粼，像是上天不小心打翻一地的碎银。岸边传来清脆的笑声，原野又迎来一个忙碌的季节。燥热的风掀动起一层层金黄的波浪，在这层层波浪之下，一双双晒得乌黑的手捡拾着掉落在地上的一

炭化小麦

古人采摘场景

颗颗带着针芒的籽粒。他们把这些捡来的籽粒郑重地收进系在腰间的兽皮袋子里。趁着风，把焦干的外壳吹去后，留在手里的是一捧捧颗粒饱满的籽粒，在阳光下闪着金灿灿的光泽。

这个栖息着野生小麦的地带，大体包括现今的以色列、巴勒斯坦、黎巴嫩、约旦、叙利亚、伊拉克东北部和土耳其东南部，底格里斯河和幼发拉底河在沿岸形成适合于农耕的肥沃土壤。这片肥沃的原野后来被考古学家称作"新月沃地"或"肥沃新月"地带。这里是世界上最早的野生小麦栖息地。

这个亚洲大陆西海岸的中纬度地区在海陆位置和

大气环流的作用下，形成了全球少见的地中海气候。这种气候的最大特点是冬季温和而多雨，夏季炎热却干燥，而且极为漫长。为了熬过这漫漫长夏，野生小麦演化成了一年生植物。种子在冬季到来之前萌发，在阴冷的冬雨中抽出细嫩的叶片，渐渐蔓延成一片油绿的绒毡默默铺展在原野上。待到春日来临，这块覆于地面的绿毡日胜一日地拔节长高，直到扬出淡黄的粒状粉花，在阳光浓烈的日子灌浆结出饱满的籽。酷热的夏季到来的时候，小麦已经枯干死亡，只留下休眠的种子在干枯的土壤中静静蛰伏，等待下一个冬日的到来。

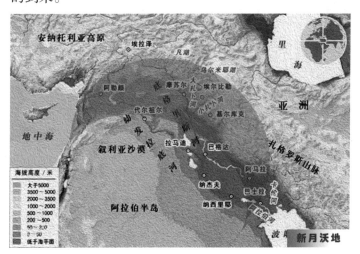

"新月沃地"示意图

时间来到1.4万年前，这一地区的降水量忽然增加起来，植被更加茂盛，周遍的小麦又丰收了，一丛丛一片片绽着饱满的壳，麦秆弯弯、麦芒翘翘，人们不用再长途跋涉去采食，就此定居下来，开始有选择地收割居住地附近的野生谷物。随着时间的推移，大约在1.28万年前，整个地球突然经历了一场地质学上叫作"新仙女木事件"的气候剧变，"新月沃地"重新变得又干又冷，野生动植物资源大量地减少，已经无法满足日渐膨胀的人口需求了，绝望中的西亚先民们不得不摸索种植小麦，主动给自己生产粮食。

丰收祭天地

正像人类的孕育充满着偶然，农业的诞生也缘于一次偶然的发现。成熟的季节，当芒穗纷纷散落在地，一位饥肠辘辘的有心人又一次伏身费力地去捡拾这些种子时，发现有些籽粒已经发芽。一天，他满怀好奇地把仍然倔强挺立在植株上一些芒穗籽粒捋下来，然后等待时机，又郑重其事地把这些籽粒埋进土地，日夜守护，这些籽粒发芽出土了，开花了，一段时间后，真的收获了自己种出来的芒穗。从此，西亚先民们纷纷仿效，开始主动种植、生产粮食。人类从此进入一个崭新的时代，开启这个时代的种子后来被命名为"一粒小麦"。就这样，"一粒小麦"在不经意间把农业文明的大幕徐徐拉开了。

大概在1万年前后，小麦就非常迅速地开始向四周传播。小麦的传播速度很快，它向南传播到了尼罗河流域，成了古埃及文明农业生产的主体农作物；它向东南方向传播到了印度河流域，成了古印度文明农业生产的主体农作物；它向西北传播到了欧洲，成了古希腊、古罗马文明农业生产的主体农作物；它往东北方向传播到了现在伊朗和中亚地区，成了古波斯文明农业生产的主体农作物。

小麦传播到世界各地示意图

小麦发源

2. 小麦进化史

　　小麦从一株野生的草进化到现在的模样可是经历了万年的时间。农业不是一种自然生态系统，而是人类生产活动干预下形成的人工生态系统。农作物的进化不仅有自然的选择，还有人工的选择，两者双重作用才让它们成了现在的模样。

3. 麦"秀"中国

　　每年的5月末6月初，鸟瞰中国的版图，那大片大片的金黄浪潮，就是欢欣鼓舞等待人们收割共庆丰收的小麦。

　　可是，在中国传统的"五谷"中，唯有小麦的原产地不在中国，而是起源于西亚的"新月沃地"。那么，起源于西亚的小麦是在何时、沿着什么样的路径翻山越岭来到中国的呢？这是考古学家和农业史学家一直在探索的问题。

　　考古发现，小麦传入中亚地区的时间大约在距今7000年左右。之后，大约在距今4000到4500年间，小麦经中亚地区传入中国。

　　现在，我国出土的有早期小麦遗存的考古遗址大

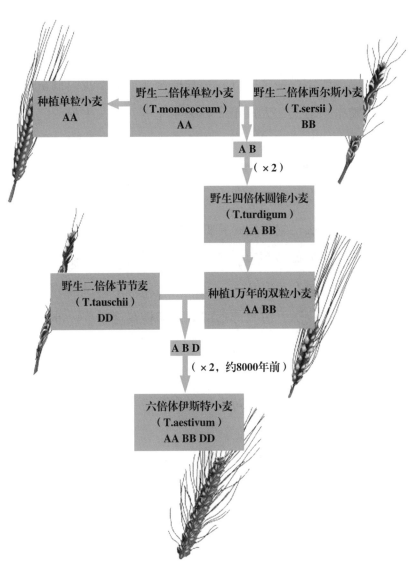

种植单粒小麦
AA

野生二倍体单粒小麦
（T.monococcum）
AA

野生二倍体西尔斯小麦
（T.sersii）
BB

A B
（×2）

野生四倍体圆锥小麦
（T.turdigum）
AA BB

野生二倍体节节麦
（T.tauschii）
DD

种植1万年的双粒小麦
AA BB

A B D
（×2，约8000年前）

六倍体伊斯特小麦
（T.aestivum）
AA BB DD

小麦进化史图解

约有三四十处。据考古学家对目前已经掌握的200多个小麦年代数据直接进行年代测定，发现了一个奇怪现象，即年代最早的五六个数据全部出土于我国最东边胶东半岛上，大概距今4500年左右，而在中国西部如新疆楼兰、甘肃河西走廊、陕西宝鸡等地发现的小麦遗存，则要比胶东半岛晚500年左右。

如前所述，小麦起源于西亚，然后经中亚传入中国。那么，它肯定是从西往东传，这一点毫无疑问。但是，为何最东边的胶东半岛出土的小麦遗存的年代反而最早？专家认为，辽阔的欧亚大草原一马平川，青铜文化随着游牧部落的脚步穿梭在这片草原带上，他们所经过的这条路被后世史家称作"青铜之路"，是他们带来了小麦。他们沿着这条路来到河北省东部的黄河古道边，穿过太行山东麓的一条狭长通道，自北向南一路来到了胶东半岛。

近年来，在福建的沿海地区也出土了早期的小麦，测定年代为距今4000年前后。这不免让人费解。其实，这提供了另外一种可能的推测：小麦很可能是从印度河流域出发，沿着海岸线通过东南亚进入我国的南海，然后到达东海岸，继续北上来到胶东半岛。

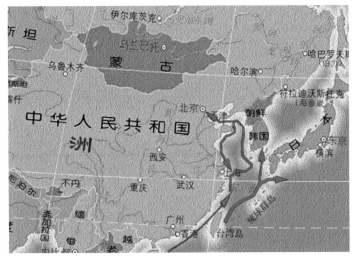

小麦由海上传入中国途径推测图

　　古人的智慧超出我们的想象。孔子说过："道不行，乘桴浮于海。"没错，虽然没有大船和航海工具，但是他们可以运用高超的航海能力，搭乘木筏四海漂流。

　　河西走廊也发现大量距今4000年前后的小麦遗存。那么小麦也完全可能穿过河西走廊的戈壁通道，也就是后来的"丝绸之路"来到中国。

　　因此，考古学家们推测，小麦传入中国的途径主要有两条：

　　第一条是从西亚—中亚—欧亚草原—中国北方文

化区—黄河中下游地区；

第二条是从西亚—中亚—帕米尔高原—塔里木盆地—西河走廊—中原地区。

当然，小麦传入中国还有没有其他的途径，或许通过草原繁殖自然传播，我们目前尚不得而知，只能等待考古和科技的新发现。

你脑海中是不是又有一个疑问，既然小麦在距今7000年就传到了中亚，但随后却并没有继续向东传播，直到滞后了几千年，在距今4000到4500年才继续向东来到了中国，为什么？

影响植物生长最重要的是环境因素对不对？小麦起源地的西亚地中海气候，特点是夏季炎热干燥，冬

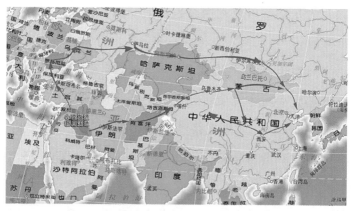

小麦由陆地或草原传入中国途径推测图

季寒冷多雨。而中国处在东亚季风区，这里和地中海气候区正好相反，夏季炎热多雨，冬季寒冷干燥。尤其在中国最干燥的季节是春天，所以起源于中国的大部分农作物品种都是秋熟作物，因为它必须要避开冬天和春天这两个干燥季节，所以一般都是春季播种，然后到了夏季降雨的时候正好是它拔节抽穗的时候，秋高气爽不下雨了，就成熟了，可以开始收割了。所以，中国本土起源的水稻、粟、菽，都是秋熟作物。尽管现在水稻在我国南方地区可以种好几季，但是它本来应该是秋熟。而小麦是夏熟作物，因为它是地中海气候区起源的，冬季播种，春季发芽抽穗，夏季成熟。小麦最需要水的时候是冬末春初，西亚正好在这个季节下雨；它最不需要水的时候是夏天，西亚炎热干燥，有利于小麦的成熟和收获。

也就是说，小麦传入中国，在气候上遇到了一个很大的难题，这也是它到了中亚以后没有继续向东传的主要原因。因此，小麦要想真正传入包括中国在内的东亚地区，它必须伴随着一系列生产技术的适应完善，尤其是需要有比较完备的灌溉系统和技术，才能保证小麦在抽穗灌浆的时候能有充分的水源提供。

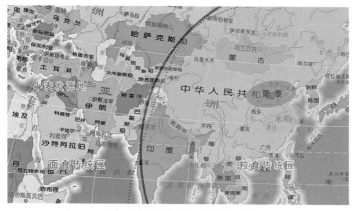

古代粉食粒食传统区域图

毋庸置疑的是，不管小麦最先到了哪里，人们对它的认识与适应是一个循序渐进的过程。因为当我们吃惯了粟和稻的祖先，像做粟米饭和稻米饭一样，把麦粒放进陶罐中炊煮，把它放进蒸器中蒸煮，然而不论哪种煮法，小麦那难以咀嚼又黏糊糊的口感实在是让人难以称道。更何况这么整粒地吃下去肠胃也并不舒服。当然，我们智慧的先祖也曾尝试进行过改良，他们将麦粒碾成碎屑再放进炊器蒸煮，口感依旧不能让人满意。无奈，小麦只有被列入劣等粮食之列了。

贵族阶层虽然不肯食用这种难以下咽的"粗粮"，但是并不能阻挡小麦在合适的物候环境中发芽生长，并于收获的季节一如既往地奉献出它布满针芒的麦穗果实。没有足够的粟来果腹的贫民往往把它作为食用的口粮。他们悲哀地唱着："硕鼠硕鼠，无食我麦！"可见麦对于他们多么重要，也许只有麦才可维系他们一家老小的生活。心系故国安危的许穆夫人悲凉地咏叹着："我行其野，芃芃其麦。"路旁麦田里纷乱摇曳的小麦多么像她一团乱麻般的复杂心情。驾八骏西巡的穆王天子沿途也收获了很多小麦食品敬奉。由此可见，小麦已广袤地生长在周代的国土上。

小麦可以为人所接纳的很大优势在于其冬种夏收的植物特性。它可以与粟轮作，在金秋的收获之后不致使田地闲置；它可以在厚厚的雪层下保存好自己的勃勃生机，可解人们青黄不接时的饥荒。也正是看到

人类古文明的兴起

了小麦的这种优势，西汉大儒董仲舒才建议皇帝召见大司农，命令关中百姓种植小麦。随着关中平原上的麦浪滚滚，小麦养育的人口越来越繁盛。那位渡海返乡触景生情的先人箕子若是目睹这无边翻滚的麦浪，是不是该换一种心情吟唱"麦秀渐渐兮"！

到了唐代，麦子的种植区域再次扩大，甚至在一些边疆少数民族地区也开始种植，麦子成为国家税收的重要征收对象。唐人在提到粮食作物时往往以"粟、麦"排列，说明麦的地位已仅次于粟。

而真正让小麦发扬光大的是磨面技术的发展。

小麦起源地的主要加工方式是烘焙，也就是我们常说的"烤"，比如在古埃及发现了很多早期制作面包的遗迹和遗物。尤其是不久以前有一支考古队在古埃及的大金字塔——胡夫金字塔周边发现了一大片早期修筑金字塔的劳工们的居住区，在居住区发现了很多专门烤制面包的尖底陶盆。这个发掘发现，当时埃及修金字塔的这些劳工生活待遇较高，他们的伙食很不错，平常的主食就是烤面包，当然这个面包很粗糙。但是这种面包加工技术并没有随着小麦一起传入中国。

磨面新技术发明之后，磨面效率大大提高，小麦才真正被中国古代社会文化所接受，成了中国北方旱作农业种植的主要粮食作物，并且改变人们的饮食习惯，成为我们饭桌上的主食品种。所以，小麦发展的契机得益于"圆盘石磨"的发明。

4. 磨推小麦称霸天下

传说，春秋时期，出生于穷苦家庭的鲁班从小就是一个善观察勤思考的奇才。他看到人们拿着石棒在石盘上研磨麦子十分吃力，累得腰酸背痛不说，研碎的麦子也十分有限。他思考如何在省力的同时又提高效率，于是，就从山上找来两块大石头，将石头凿成两个圆盘，在每个圆盘的一面凿出一道道槽，在石盘中心各凿出一个圆孔，下面的石盘装上木轴，上面的

裴李岗出土的石磨

古人磨粮模型

汉代石磨

石盘套在木轴上摞在一起，凿槽的两面相合，在两块圆盘中间放上麦粒，转动上面的石盘，麦粒很轻松就被磨碎了。正如陶的出现之于人类，石磨的发明之于小麦加工，同样是一个里程碑事件。因为"圆盘石磨"的相助，小麦从此走出深闺，以"粉食"的崭新面目走进人们的生活，并迅速而深刻地改变着人们的饮食方式。

到了秦代，劳动人民智慧合作，他们在劳动之余想到为什么不可以像使用牲畜耕种田地一样，让驴把磨盘转动起来。于是，驴拉的石磨在村头街角吱吱呀呀响起来。

后来更出现了用水车推动的水磨。据说水磨的出现与三国时魏明帝得到的一件木偶百戏玩具有关。当时在魏国做官的马钧看到这件玩具，想到如果能使这上面的各色小人儿小物儿动起来那一定十分有趣。喜欢钻研的马钧便做出一个木制大轮，以水为动力推动大轮运转，再使用齿轮装置将轮与百戏中的小人儿相连，轮子一转，百戏中的小人儿有的击鼓，有的吹箫，有的跳舞，有的耍剑，有的骑马，有的在绳上倒立，有的在向皇帝躬身叩拜，真是多姿多彩、生动可爱。受到水利和机械传动原理的启发，在马钧之后，杜预制造出了连机碓，其中也可能包括水磨。南齐明帝建武年间，祖冲之在建康城（今南京）的乐游苑造出了水碓磨，这显然是以水轮同时驱动碓与磨的机械。几乎与祖冲之同时，崔亮在雍州"造水碾磨数十区，其利十倍，国用便之"，可见水磨的改进与发展势头蓬勃。水磨以其高效的磨粉技术在后来渐渐衍生出一个水磨坊的营生。

唐代的都城长安（今西安）是一个拥

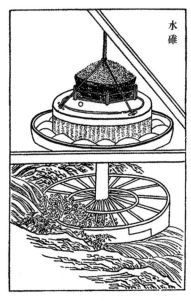

水碓

水磨

有上百万人口的国际化大都市，有巨大的面粉食用需求，从事磨粉生意获利颇丰。于是，在长安周围的河渠上兴建了许多水磨坊。这些磨坊很多为豪绅贵族、富商大贾控制，还有一些权贵官僚也加入其中。炙手可热的太平公主便是因为眼热这门生意，甚至出手与一寺院争抢水磨，由此可见当时磨坊的重要性。同时，这也折射出当时中国小麦种植面积在急剧扩大，产量在急剧增长，磨面行业十分紧俏吃香。

当大唐的磨坊水声哗哗时，西方的小麦种植持续发展。中世纪的唐·吉诃德正手拿长矛向着风车发起冲锋。西方人的风车带动着石磨更高效率地研磨着他们制作面包所需要的面粉。当然，他们也用到了水车。人类的智慧从来都是相通的，就像人类最初都自觉地使用臼齿磨碎麦粒一样。智慧在发展，磨面技术在进步，不变的是小麦在全球的种植面积一直在扩大，人们对面粉的需求量持续增长。那细腻的口感与极强的可塑性使得它以绝对优势成为人们餐桌上的主流。

从古至今，小麦以它变化的品类和不变的承诺成就了人们最日常的生活，这是小麦对人类的馈赠。你看那名目繁多的面店食堂，鳞次栉比的糕点店铺，无不是依托小麦的变身。小麦充实了人们的饭碗，承载着一路的繁荣，可以毫不夸张地说，它已成为称霸天下的王者。那么，让我们一起来领略它的王者风范。

二、长在天地人文间

今天的小麦因其价格便宜，供应量充足，能够提供碳水化合物，能够提供大量人赖以维生的热量、蛋白质和脂肪，易于储存，而成为联合国明确的世界四大主粮之一。从种植辐射区域、食用人群辐射范围来看，小麦可谓世界第一大粮食作物。小麦是人类生存和发展的最佳伙伴。放眼天地人文之间，小麦在以它王者的风范描绘着一幅壮丽的全球景观。

1. 全球小麦产能

世界上小麦种植跨度大，从北欧（北纬67度）至阿根廷南部（南纬45度）；纵深长，从中国吐鲁番盆地（低于海平面150米）到西藏高原（海拔4500米），主要分布在海拔3000米以下。主产区在北半球的北纬30—60度之间的温带地区和南半球的南纬25—40度之间的地带。

小麦是全球分布最广、种植面积最大的粮食作物。从全球小麦种植分布情况看，2019—2020年度，全球小麦播种面积为2.19亿公顷。生产相对集中，主要在亚洲，面积约占世界小麦总面积的45%；其次是欧洲占27%；美洲占13%；澳洲、南美洲和非洲的占比3%—6%。种植面积前5名的国家分别为印度、俄罗斯、欧盟、中国和美国。（具体占比数值参考"2019—2020年度全球小麦种植面积前10名的国家"图）

从全球小麦产量情况看，2021年度全球小麦产量已达7.9亿吨，占世界粮食总产量的1/3。产量主要集中在中国、印度、美国、俄罗斯、加拿大、巴基斯坦、乌克兰、哈萨克斯坦、阿根廷等国家，这9个国家小麦产量占世界总产量的60%多。（具体占比数值参考"2019—2020年度全球小麦产量排名"图）

全球小麦需求量前10名的国家如附图所示。

世界小麦种植分布示意图

审图号：GS（2020）4403号

1961—2018 年全球小麦主产国产量

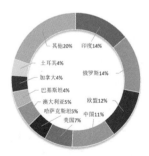
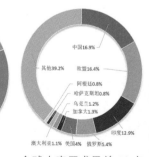

2019—2020 年度全球小麦种植面积前 10 名的国家

2019—2020 年度全球小麦产量排名

全球小麦需求量前 10 名的国家

2. 中国的小麦分布

中国小麦三大产区：

①北方冬小麦区，主要分布在秦岭、淮河以北，长城以南。这里冬小麦产量约占全国小麦总产量的56%左右。其中主要分布于河南、河北、山东、陕西、山西诸省区。

②南方冬麦区，主要分布在秦岭、淮河以南。这里是我国水稻主产区，种植冬小麦有利于提高复种指数，增加粮食产量。其特点是商品率高。主产区集中在江苏、四川、安徽、湖北诸省区。

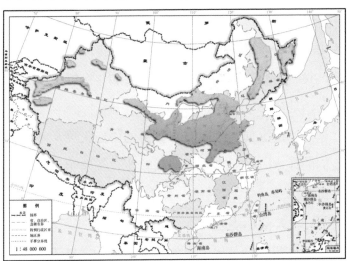

审图号：GS（2016）1600号

中国小麦种植分布示意图

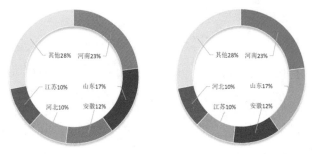

中国小麦产量前 5 名的省份　　中国小麦种植面积前 5 名的省份

③春小麦区，主要分布在长城以北。该区气温普遍较低，生产季节短，故以一年一熟为主。主产省区有黑龙江、新疆、甘肃和内蒙古。

中国是全世界最大的小麦生产国和消费国，2021年小麦播种面积2291.1万公顷，小麦产量达13434万吨。我国小麦连年增产，产量已连续7年保持在1.3亿吨以上，是全球35%—40%的人口的主粮。

为了这沉甸甸的收获，勤劳的中国人民从不吝惜他们的汗水。让我们跟着时代镜头，领略祖国广袤的麦田。

（1）北大荒小麦仓

北大荒曾经是传说中的"鬼沼"。"鬼沼"中荆莽丛生，沼泽遍布，风雪肆虐，野兽成群。这是最适

广袤的麦田

宜发端"鬼"故事的土壤，也是最适宜生长粮食的土壤。黑龙江一泻千里，松花江蜿蜒曲折，乌苏里江恬静温和。三条性情各异的江在这里悠然相会，孕育出了这块肥沃的平原，号为三江平原。

这里虽然纬度较高，但夏季温暖，雨热同季。三江汇流处，河网纵横，过去这里曾是捉瓢舀鱼、野鸡投锅的一派繁茂却又荒凉的景象。20世纪50年代起，先后有数十万拓荒人来到这里。当时由于开荒机械不足，而且低洼湿地很多无法机械作业，老红军就带头试验人力拉犁开荒。于是，大平原上出现身着军装的战士排着长队、喊着号子、弓身埋头奋力拉犁的壮观景象。这些从大江南北、南海之滨，向大平原汇集的

十万解放军转业复员官兵，使大平原的开发进入全面
发展时期。更有来自北京、天津、上海、哈尔滨等大
中城市的知识青年带着改地换天的雄心壮志投入到大
平原的开发。半个世纪的风雨，如今，这里是国家
粮食安全的"压舱石"。辽阔的东北大平原上，每年
春节过后，黑土地上便开始了新一年的繁忙播种。伏
夏的风挟着麦香的气息掠过，麦浪翻涌着一波连一波
铺向遥远的天际，如一片金色的海洋。收割机像一艘
艘淘金的船，轰鸣航行于麦海中，收获着新一季的丰
收喜悦。这里是新中国的"新天府"，春小麦的"大
粮仓"。

北大荒小麦收割

（2）原上的麦子熟了

我们的母亲河——黄河从它发端的青藏高原出发，一路奔腾东流来到内蒙古时突然调头向北延伸，一头撞上了横亘于面前的阴山山脉，浪头如咆哮的巨兽反冲向东方，划出一个巨大的"几"字形，由于这个风云际会的撞击，黄河与阴山中间孕育出了河套平原。虽然这里年降水量不足400毫米，但黄河水依然培育出万顷良田。每年开春时节，这片土地上水流潺潺，麦苗青青，由于这里气候特殊，昼夜温差大、光照时间长、无霜期长，河套平原上生产的小麦不仅籽粒饱满、色泽美观，而且内在品质优良。传说当年昭君出塞路上，突然染病不起，塞外荒野缺医少药。大家正在手足无措间，来到一片金黄麦田边，淳朴的乡亲将新收获的小麦碾成面粉做成面食端给昭君食用，数日后昭君身体康复。人们由此记住了这里的小麦。而今，经过数代改良的小麦更使得这块土地成为我国规模化优质春小麦生产基地。

沿着黄河南下，在秦岭北麓的平原上，从西北逶迤而来的渭河及其支流纵横流淌，冲积出了这片千里原野。这里东依函谷关，西靠大散关，南抵武关，北达萧关。四塞之国，金城千里，史称关中。公元234年的秋天，蜀汉丞相诸葛亮最后一次望向了渭河北岸。对岸平原上，郁郁葱葱间已漂染点点金黄，诸葛丞相知道不久那里便会铺展上青青麦苗，想起五出祁山施巧计天降神兵抢割陇上麦子时的那种酣畅淋漓，多亏有了那些麦子，他们才有了步步为营进击魏军的底气。他多想再能看到那片金灿灿的盛景啊！

小麦滋养了这块土地上的人们。当年韩桓惠王没有想到，一条自作聪明的"修渠疲秦"之计，竟使得干旱少雨的关中平原从此富甲天下。小麦成为这块土地上种植面积最广的作物。汉唐繁华的高潮与华彩，小麦的贡献功不可没。

20世纪前的千百年间，每逢麦收季节，成群结队的农民，或兄弟同行，或夫走妻随，来到关中平原

关中平原上的麦客

上，寻人雇佣，替人割麦。伴随着镰刀的咔嚓声，一捆一捆的麦子被割倒在地里，一片一片的土地裸露出了原色，一块一块的麦地连成了空旷的田野，广袤无垠。麦客顺着家的方向一路割着麦子走，等割到家门口的时候，自家的麦子也熟了。手里的镰刀依旧，擦汗的毛巾依旧，不同的是只有麦子颗粒归仓，挣的钱换成女人身上的花衣裳和小孩身上的新棉袄，这才叫收成，这才是幸福。而今随着机械化的普及，粮食产量的提高及人们对美好生活的追求，关中平原上的小麦品质与产能都在与时俱进中呈现新时代的新风貌。

（3）黄河流域麦浪滚

这里是《诗经》的故乡，人们悠悠吟唱着"蒹葭苍苍，白露为霜"播下了小麦种子。"在水一方"的不仅有那位伊人，还有成片的麦田。这里是中华文明和农业的发祥地。春秋战国时期，精耕细作的小麦生产已经出现在这片土地上。

郑庄公率人把洛阳城外的麦子收割啦！小麦长期以来一直是洛阳地区人民的主食。平王东迁之后，这片地区更是广种小麦。《诗经》中的《丘中有麻》便唱道："丘中有麦，彼留子国。彼留子国，将其来食。"周王室的东邻郑国，在庄公即位后励精图治，颇有称霸雄心。周桓王继位后，不甘心受郑庄公的控制，登基一个月后，便免去郑庄公首卿之职，没收其在洛邑的府第和财产，并将其逐出洛邑。郑庄公心中恼怒。两个月后，麦子成熟，进入收割季节。郑庄公派大军渡过黄河，到达洛邑，将这里的十几万亩麦子抢收一空，以此作为对周王的惩戒。小麦作为重要口粮在各国的政治博弈中不时会作为筹码惹起事端，这也从侧面反映了小麦的重要地位。

黄河水继续东流，一直到黄河、淮河、海河、滦河等大河支流汇聚之地。这片地势低平的广袤地区，大量泥沙沉积下来形成土层深厚的大平原，被称作黄淮海平原。这里是中国人口最多的平原，延津便位于这个平原上，培育出了优质的"中国第一麦"。品质

黄河流域麦田

传统收麦

优良的小麦在这片土地上蓬勃生长并不断更新迭代，而今这里生产的金粒小麦不仅充实着国家粮仓更远销海外，形成了"中国小麦看河南，河南小麦看延津"的共识。

（4）长江下游麦飘香

一直以来，中国都有着南米北面的说法，意思是南方人以米为主食，北方人以面为主食。而在更早之前，在南方人眼中，面完全就是有毒的食物，南方人是完全不吃面的。到了魏晋南北朝时期，五胡乱华之后发生了衣冠南渡，政治经济文化中心开始往南迁移，面食也随之流传到南方，并于宋室南迁之后，伴随着北方大量来到南方的移民在南方得到普及。这些来到南方的北方人，给南方带来了非常大的影响。首先是耕种面积，北方大量人口迁移到南方，导致南方人口急剧增多，南方大量没有开垦的土地被开垦了出来，为南方经济的鼎盛创造了条件。其次是生活习惯，北方人将各自的生活习惯带到了南方，形成了前所未有的大融合，从根本上改变了南方的生活习惯。在饮食上，一方面是北方人吃不惯米饭，另一方面是当时并没有出现杂交水稻，稻米的产量并不高，与小麦差不了多少。所以北方人到南方，土地开垦出来之后，种的大多是北方的粮食品种，最主要的就是小麦。于是，春天的长江流域铺展出大片的麦田。

如果说黄河担得起母亲河的美称的话，与之相比，长江也毫不逊色。长江越过三峡以后如长途跋涉的旅人需要缓劲喘息，江水和缓地进入一个平坦开阔地带。纵横交织的水系依次形成了江汉平原、洞庭湖平原、鄱阳湖平原等一系列物产丰富的农业基地，小麦也在这里找到了适宜其生长的土壤。大量滞留在南方的北方人，他们遥望家乡，忘不了那里的乡情乡音，在无数次热血澎湃的北伐誓师士气高涨之后，空怀一腔"弦解语，恨难说"的悲怆在渐渐熟悉起来的落脚地安下心来收拾自己的生活。从此，北方人与南方的土地，小麦与水稻，在这块富庶的地方开启了他们君子一般的谦谦之交。

长江中下游平原上温和的气候条件可以实现稻田三熟。每年6月种植水稻，11月水稻成熟收获，田地翻耕播种小麦，越冬至来年5月收获，麦茬地翻耕灌溉后再种水稻。这种稻麦轮作的种植方式不仅实现了土地的高效利用，而且可以改善土壤养分。由于这里良好

长江中下游小麦田地

的气候与热量条件，现今，长江中下游地区是我国优质弱筋小麦的重要产区，是长江流域商品粮基地繁荣昌盛的重要力量。

（5）赤水东去麦蔓延

让我们回望一下诸葛丞相"五月渡泸，深入不毛"的故事。南中地区包括贵州、云南和四川西南部，是蜀汉的大后方。如果馒头确是蜀汉丞相诸葛亮七擒七纵南中王孟获后班师途中所发明，那么不消说，小麦的踪迹一定已辗转遍至三省。三省汇聚的赤水河流域今天仍是重要的小麦产区。这块土地上的土是紫色的。据考证，紫色的土壤中富含钙、磷、钾等营养元素。这样的土地无疑是适宜种植小麦的。"面"在这里玲珑变身出诸多模样，已不仅仅只是一种食物，这里出产的"夫妻面"更是夫妻间心有灵犀的情感载体。这种"条条银龙游碧水，颗颗油珠泛玉波"的面已有一千多年的历史，在明清时期就以其独特工艺和鲜美风味成为皇室贡品。而今，小麦的种植生产随着这碗当年的贡面走过历史的风烟，书写着新时代的美好诗篇。

小麦以它普适、易生、耐贮、投入产出回报率高的天赋异禀，历经数千年漫长的艰难历练，披荆斩棘

西南产区小麦

构筑起稳固的社会基础和强劲的发展动力。无限广阔的市场持续激发着人们扩大生产、提高产量产能的积极性。我国小麦播种面积在1949年中华人民共和国成立以后不断扩大，目前总产量占全球的1/6

多，占据全球第一的位置。东北产区、西北产区、黄淮海产区、长江中下游产区、西南产区等各大产区的小麦，在冬天、在春天摇曳着油绿的叶片，以强壮的茎秆供给着穗粒浆液饱满，如奔流的血液给我们的生活提供着不竭的滋养。

三、秋冬春夏跨双年

我国以种植冬小麦为主。从种子在土壤中的萌发到新种子的成熟，小麦的生长，受生态因素和栽培条件的影响很大。小麦生育期为230—270天，是唯一跨年度的粮食作物。小麦在生长过程中，形态特征会发生一系列变化，人们根据这些变化将它的生长过程划分为播种、出苗、分蘖、越冬、返青、起身、拔节、孕穗、抽穗、开花、灌浆、成熟等十多个生育时期。而所有的种植都起始于对土地的准备。

1. 平田整地

面朝黄土背朝天，一个老人，一头老牛，两个进入垂暮的生命将那块板硬的田地耕得"哗哗"翻动，犹如水面上掀起的波浪。午后的阳光里，老人粗哑地吼唱着："皇帝招我做女婿，路远迢迢我不去。"耕田是中国南北方统一的耕种方法，也是中国惯用了几千年的耕种方法。每当到了耕田的季节，便会有无数的农人们弓身扶犁吆喝着耕牛一寸寸用脚步丈量脚下的土地。

冬小麦产区，每年的9月下旬，秋粮收后开始秋耕，为小麦孕育准备"温床"。从土地的翻耕开始，

耕作场景

把杂乱板结的泥土翻起打散，使泥土变得平整疏松，这样才可以让种子在土壤中顺畅地呼吸，并且可以接纳和贮存雨水，以使土壤中的养分供应小麦根系的伸展。铁犁铧深入到板结的土壤中，把深层的土壤翻出，把肥料翻埋进土层，可以调整土壤养分的分布。

在我国东北，因为冬季太冷，小麦无法越冬，多种植春小麦。一般在阳春三月进行春耕，这时春风照拂，土壤解冻，人们会先轧地再翻耕。

传统耕地步骤和要求：

初耙——清理杂乱；

撒粪和肥料——给土地增加有机质和养分含量；

深翻——深度疏松土地，改善土壤结构；

耙地——破碎硬土块，平整去杂草；

通犁——再次松土细化，拌匀肥料土壤；

耙

耙地

　　再耙——再碎土块，清理表土中未被打碎的作物根茬；

　　耱地——平整土地，准备播种；

翻犁

犁地

通犁

通犁地

耱

耱地

垄埂——预备灌溉分水；

以上耕作，力争做到一定深度的土壤松、碎、净、平、肥。

摇耧播种——控制种子数量，保证播种均匀，技术难度较高。

刨

耧　　　　　　　　播种

我国人均耕地少，农民为了多打小麦，不惜投入成倍的劳力反复平田整地，精耕细作，以致尽善尽美。耙好的田地平展得像一片风平浪静的大海，海平面下蕴藏着人们收获的希望。

2. 精选种子

现代世界，小麦种子就是小麦农业的"芯片"。良种在促进小麦增产方面具有十分关键的作用。发展小麦种子科学研究，提升小麦种子国际竞争力，培育更好更多的小麦良种是端稳中国饭碗的基本保障。

不管是学习还是运动比赛，人们一定都愿意做一名种子选手。因为这样的选手最有收获胜利的希望。作为渴望丰收的种田人当然希望播下的每一粒种子都会生根发芽开花结果，这便要精选种子。

人工选种

　　过去人们种田主要靠预留种子，全凭农民多年种地的经验，筛选优质合适的种子。现在，农民在农业专家的指导下选种，小麦播种前还要拌种，包括先进的微生物组技术的各种制剂给种子包衣，以防止病虫害，给小麦创造适合生长的土壤环境。

3. 精心管护

　　勤劳智慧的中国农民，他们虽然历经很多的磨

小麦生长与二十四节气图

难，但仍然对生活饱含深情。深嗅一口乡野的清新空气，他们把深情浇灌在那片充满希望的土地上。小麦是很金贵的，它的金贵不止体现在面粉食品的繁多与美味上，更体现在生长期对它的管护上。可不是人们所想象的农民把种子种到地里，就可以收获很多的小麦。种上了，精心管理保护才刚刚开始。

（1）播种期

俗语说"白露早，寒露迟，秋分种麦正当时。"季候重要，土壤的墒情更重要。秋收过后如果迟迟不下雨，农民们可就心焦了。把麦种播进干燥的土壤里，简直就是白白扔掉了那些种子。如果播种以后下了雨，田里积水或是雨水冲刷造成土壤有板结，那些细嫩的芽尖尖可能顶不透这层硬结，这时要在地表干燥后及时松土，帮助麦苗畅快地呼吸。

（2）出苗期

当籽粒的第一片嫩叶长出地面，放眼望去，绣花针一般的嫩芽密密麻麻把田地晕染成一片毛茸茸的鹅黄。这时要密切关注出苗少的情况，如果出苗率不到一半要及时补种。

发芽到分蘖期

（3）三叶期

当田里一半以上的麦苗伸展开嫩茎，其第三片叶片也骄傲地翘立在地面上时，便是小麦的三叶期。这时要注意土壤墒情，不可使其干旱。

（4）分蘖期

小苗怯怯地向四周伸出了它们的小手，像是攒着胆量在试探这个世界的严寒雪霜，这时便进到了越冬期。

（5）越冬期

当平均气温降到3℃以下，麦苗进入了休眠期。在越冬前要追肥冬灌。这时正值土壤夜冻日消，浇水量不可太大，浇透渗完即可。为防止冻坏麦苗，冬灌以后，要用竹耙顺垄搂土盖在麦苗上，也称"盖被"。其实小麦最好的冬被是"雪被"，瑞雪兆丰年啊，有谚语"今冬麦盖三层被，来年枕着馒头睡"。下雪不但可以减少小麦的病虫害，而且可以抑制小麦在冬季的旺长。因为越冬的麦苗不能长得太快，如果在冬季长得太高，就会耗去过多的养分，对于来年春天的生长不利，就像长跑运动员一样，你前期用力过猛，到了该冲刺的时候就会冲不上去，因为没劲了，麦苗也这样。冬小麦区的小麦要等来年春天暖和起来才恢复

越冬期

生长。有一句讽刺人的谚语说：狗啃麦苗——装羊（洋）。麦苗为什么要啃？也是为了防止麦苗生长太快。话是这样说，但绝不可把冬季的麦田当作牧场。羊儿们不懂科学种田，若有啃食过度那可是追悔莫及的事。倘若麦苗确实长势过旺，可以使用轧压法，有些村庄冬季唱大戏时会将戏台搭在麦田边，任由人踩踏麦田，这时麦苗是不怕踩的。只是到了返青期可就踩不得了。

（6）返青期

"草长莺飞二月天，拂堤杨柳醉春烟。"醉春烟的不止是杨柳，青青的麦苗也在春风中苏醒了。这时要为麦苗揭被松土。揭了被的麦田一片青绿，幼苗茎秆柔弱要及时施加返青肥保证养分。吸收了养分的麦苗舒展腰身，在春风中摇摇摆摆迎来了它们迅速的成长期。

（7）起身期

"春分春分，麦苗起身。"起身，顾名思义，是由匍匐状挺立起来啦。这时伴随着新叶的抽出，麦苗根系生长加快，进入二次分蘖期。这时小麦生长旺盛，要及时补充春水，"麦旺三月雨"，为拔节孕穗做好准备。

（8）拔节期

　　小麦这时进入节节高时期，茎部拔节迅速长高，完全摆脱了嫩苗柔弱的模样，如青春勃发的少女，腰身挺拔起来了。

（9）孕穗期

　　随着茎秆拔节再次分蘖后，旗叶片片抽出叶鞘，包裹着幼穗的叶鞘像一根饱满的小拇指模样，那是麦穗在悄悄孕育了。它被紧紧包裹着，充满了新生命的神秘。这是临界期，是决定成穗率并争取壮秆大穗的关键时期，一定要浇好孕穗水并结合浇水追施孕穗肥。

（10）抽穗期

　　细细的芒尖试探着从叶鞘中伸出来，一点一点地，半个月的时间，修长的腰身完全展露出来啦，粉面满含着春色默默等待灿烂开放。籽粒形成期间对水分要求同样迫切，"清明前后一场雨，豌豆麦子中了举"。

返青到抽穗期

（11）开花期

　　一棵棵青绿的麦穗上小花慢慢张开，花丝伸长，嫩黄的花粉点点散出，小麦花迎来它的尽情绽放。小麦是自花授粉，一朵花的开放时间只有18分钟左右，

小麦花

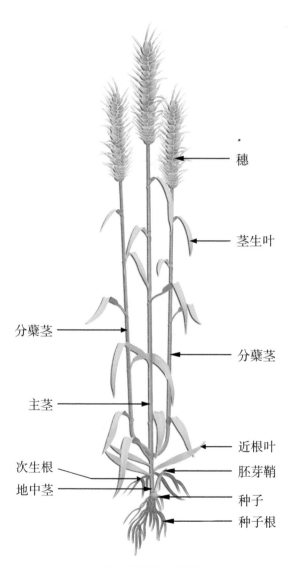

穗

茎生叶

分蘖茎

分蘖茎

主茎

近根叶

次生根

胚芽鞘

地中茎

种子

种子根

小麦植株结构示意图

一个麦穗的花期就2—3天。花期之短，堪比昙花。农谚说："扬花就坐脐儿，坐脐儿就半仁儿。"开花后很快便进入灌浆期，这时一定要浇灌浆水才可保证籽粒饱满。要注意，"麦黄就怕风，见风收不成"。有风不可浇水。如果天气晴好，便会看到麦阵排排如整装待发的士兵，仰面可感受到淡淡的甜香气息，那是成熟的味道。

4. 收获喜悦

5月末6月初，粮食作物中，有的还没种，有的还没熟，唯独小麦熏风吹拂，叶黄了，穗黄了，一片片金灿灿成熟丰硕的田地令人陶醉。麦熟一晌，虎口夺粮，北方的夏收到了。这个时节正是老天最阴晴不定的时候，"麦收两怕，风吹雨大"。

小麦的整个生长期都在喊渴，都离不开水，农民要向天祈雨，一次又一次为它补水。但是，到了这个时候，水却成了农民最害怕的威胁，要像避瘟神一样避着了。他们要跟大雨抢时间，把麦子收回来。经验丰富的老农们这时像登临战场的指挥员，带领着全家老少上阵昼夜夺粮。

割麦

他们提前就把镰刀找出来沾上水在磨石上用力地磨，把刀刃磨得明晃晃的。天刚蒙蒙亮，一家人就起床了。背起担子，挽好绳子，夹起镰刀急急往麦田赶。割麦是累人的活，既不能蹲着也不能站着，要弯着腰一把一把地割。愣小子慌慌地把麦子割倒了一大片，老父亲回头一看，一片高低错落的麦茬，喝住小子斥责："这可不是种地的把式干出来的活。"好把式割过的麦地麦茬短而平，一屁股坐上去都不会感觉扎人。恼的是太阳一冒头便骄阳似火，麦芒很扎人，身上刺痒，腰酸腿疼，汗湿的衣裳黏腻地贴在后背上，抹一把汗水恨不得把自己也变成一颗麦粒缩进麦

壳里不要出来才好。

　　每年夏收前，村里人都要为收割小麦做很多准备，买木杈、磨镰刀、买扫帚、备绳、硌场等。"硌场"，就是整理碾麦打麦的场地。通常是把往年打麦场地上的杂草除掉，裂缝补起来，撒上少量水，再撒上一些麦糠皮让场地土皮湿润后，用牛或动力机械拖动碌碡转圈反复碾压，直至把场地整理平整、地面硬化瓷实后，打麦场就硌好了。

　　打麦分几步，上午摊场、翻场，中午碾场，再翻场，再碾场，太阳越烈越好，下午起场和扬场。这些

收割

打麦

环节中碾场脱粒最重要，一般是用人工、牲口或拖拉机牵拉碌碡，多次碾压使小麦籽粒与麦壳麦秸脱离。有了拖拉机拉碌碡碾场后，效率提高，一天可以赶着打两场。反复碾压好了是起场，把麦秸挑开，余下的麦壳麦粒铲到一堆，焦急地等着自然风来，或用风车扬场，麦壳飘远，麦粒砸在头顶的草帽上，噼哩啪啦，心里溢满了收获的喜悦。

脱粒后的麦秸秆要垛起来，这可是个技术活。麦场上环绕的一个个麦秸垛像一座座城堡似一朵朵蘑菇。垛檐苫出来，麦秸在檐边参差着，仿佛圈着一个

麦秸民间艺术

大大的花环。麦秸垛是孩子们的乐园，如果在家里受了大人的委屈，他们可以躲进这个温暖的小窝里静静消化自己的悲伤。这样的乐趣想来现在的孩子是很难享受到了。不过，我们还可以欣赏美丽的麦秸画。

碾过的麦秸秆锃光发亮，有人把它编成草帽、篮子或扇子，也有人把它制作成精美的麦秸画，成为很好的民间艺术品。相传麦秸画起源于东汉。刘秀被王莽追杀无路可走，情急中躲进麦地，麦秆随即便化作密林掩护了刘秀。从此，麦秆便被视为祈福纳祥之草，人们开始用麦秆来制作麦秸画，并以此进贡朝廷。麦秸画题材广泛，花鸟虫鱼、历史人物、诗词歌

麦秸画

赋等都可以做成麦秆画。因其工艺精湛被称为"中华一绝"，具有很高的收藏价值。

如今现代化收割机的使用，使得收麦几乎不用费力，麦粒随着隆隆的机器马达声颗粒"归袋"，农人们只需操心晒麦收藏就可以了。

5. 晾晒入库

几天的麦场忙碌，小麦收回来了。这时的籽粒含水量一般在25％以上，要抓紧时间晾晒。抢收回来的小麦虽然没有被大雨浇淋霉烂在田地里，但如果没有

小麦入仓

晾晒堆放家中，仍有霉烂的危险。这时遇有晴好天气，虽是燠热无比，但人们依然雀跃。大家把小麦在场上摊开，摊成薄薄一层，方的、圆的、三角的、不规则的，所有平地见阳光的地方都点缀着片片金黄。中午之前摊晒的小麦可以不搅动，下午要勤搅动。小时候就喜欢拉着木耙子在摊好的晒麦场上一趟一趟来回跑，或者光着脚板去反复蹚，把小麦画成各式纹理和有意思的图案，那滋味就跟在滚热的沙滩上奔跑一样有趣。按照这样的天气，大约两个晴天，就可趁热收仓了。

收了仓，在仓库或者袋子口放几片桃树叶、花椒叶可有效驱虫。直到这时，夏收工作才算告一段落，可以松口气，开始下一季的耕作了。

6. 小麦农业未来

众所周知，植物是人类食物的主要来源。尽管全球约有3万种植物种子可以食用，但人类仅用了其中的约30种来养育这个世界。水稻、小麦、玉米、粟类、高粱等5种谷物，为全球人口提供了60%的总能量。联合国预测，全球人口将从2018年的76亿增长到2050年的96亿，涨幅近30%，而新增人口中超过95%来自目前的发展中国家。预计2050年粮食需求量将翻番，作物产量需保持年增产率2.4%以上。目前，水稻、玉米、小麦和大豆年增产率分别为1.0%、1.6%、0.9%和1.3%，解决全球粮食刚性需求可谓任重而道远。

2019年初，科学界联合发布了题为 *Science Breakthroughs to Advance Food and Agricultural Research by 2030*（《到2030年推动食品与农业研究的科学突破》）的研究报告，描述了农业领域亟待突破的五大研究方向。其一，整体思维和系统认知分析技术是实现农业科技突破的首要前提。农业领域的科技突破需要从土地资源的治理、修复、提升入手。其二，新一代传感器技术将成为推动农业领域进步的底层驱动技术。量值定义世界，精准决定未来。其三，数据科学和信息技术是农业领域的战略性关键技术。其四，突破性的基因组学和精准育种技术应当鼓励并采用。提高农业生产力、抗病抗旱能力以及农产品的营养价值。其五，微生物组技术对认知和理解农业系统运行至关重要。加深对基本微生物组成部分的理解以及强化它们在养分循环中的作用对确保全球可持续农业生产至关重要。

这同样是未来我国小麦农业领域必须努力、不可或缺的关键核心技术。同时，立足我国土地资源地薄质劣的国情，我国科技工作者还需要在几个颠覆当下、引领未来、开创时代的重要领域，在山水林田湖草生命共同体重大科学问题、土地资源安全与管控现代工程技术难题上取得突破。

2020年6月2日，中国粮食博物馆网站首发"微生物组技术在小麦生产中的首次应用获得成功"。我国的科研及产业界，目前已经在农业微生物组技术领域取得突破性进展，在世界上首次较全面解析了作物根圈微生物组成、根圈微生物之间的运行法则，并且在有效微生物菌种和菌剂的人工培养方法和装备方面已

现代农业耕种

现代小麦收割

经拥有核心独立知识产权。目前在河南、山东及东北等地进行了小麦农业应用示范并取得良好效果。

随着科学技术的发展，小麦生产、储运、加工等技术也同步突飞猛进。航拍麦田，看着上千亩小麦正在无人机的呵护下茁壮成长。大数据的监测分析让农业、储运业、加工业朝着智慧化的方向发展。科技助力，用手机就能随时监控小麦的生长情况。挖土不用

智慧农业系统构想

锹，割麦不弯腰，即便没扛过锄头的人也能成为种田的好把式，农民正成为有吸引力的职业。国家的智慧农业、数字化乡村建设战略快速实施，农业物联网的背后是信息技术与农业生产的融合。中国已经建成全球规模最大的4G网络，372万个基站覆盖11.7亿用户。如果说4G是修一条路，5G就是造一座城，未来社会向元宇宙时代的挺进，还将给我国小麦种植带来深刻的变革。中国的小麦已经基本实现了全程机械化，全国农作物耕、种、收综合机械化率超过了69%，中国农民曾经的梦想已经成为现实。

四、贮宝流金保国安

古人云："国无九年之蓄，曰不足；无六年之蓄，曰急；无三年之蓄，曰国非其国也。"（《礼记·王制》）

实际上，储备乃动物之本能，并非人类特有之个性。俗语说"手有余粮，心里不慌"。老百姓过日子最朴素的愿望就是"年年有余"。自从人类开始从事农业生产，伴随着劳动洒下的辛勤汗水，也每每多有收获。收获来的种子吃不完可以保存起来，这些存起来的种子，不仅意味着来年的种植，也意味着财富。

人类自古储存剩余，但是大规模的储藏设施的出现主要还是因为农业时代的到来。农业收获有季节性，而人是每天都需要进食的，所以，大收获、慢享用，逐步成为人类的生活方式。

据资料考证，中国从夏朝开始，历代王朝对粮食储备制度和粮食储备设施都相当重视。管理制度的具体内容主要有：①规定中央财政专管粮食储备。如东汉的大司农和明、清时期的户部都掌管着全国钱粮。②制定粮食储备管理条例和制度。如秦代的仓律和西汉的粮食会计簿册。③实行区别化管理，即不同的管理者管理不同类型的仓库。于是，粮食生产与粮仓建造同时发展，除了国家粮仓外，还有多种粮仓出现。

中国古代的粮食储备分为官办储备和民办储备两种类型，其中官办储备主要采用常平仓、惠民仓、广

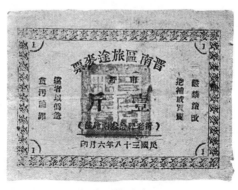

晋南区旅途麦票

惠仓等；民办储备一般采用义仓、社仓、预备仓等。粮食一直作为国家和百姓最重要、最主要的物资进行储备。

其实从古至新中国成立，粮食储藏主要还是在老百姓手中。

2000年10月以后，国家确定建立以政府储备和社会储备为主体，并由国家粮食储备局和中央储备粮管理总公司及承储单位组成的储备粮管理体系。2003年，国务院颁布了《中央储备粮管理条例》，对中央储备粮的计划、储存和动用等各个环节都做出了全面的规定，这是我国第一部规范中央储备粮管理的行政

旧时小麦交易

粮食交易大会

法规，由此建立起我国现代的粮食储备制度。

综观经济全球化、世界多极化和全球粮食供求变化态势，我国粮食储备制度的建立和运行为保证国内粮食消费需求，调节粮食供求平衡、粮食市场价格起到了"蓄水池"和"稳定器"作用，为应对重大自然灾害或其他突发事件发挥了重要的调剂稳定作用，为保障国家粮食安全发挥了"压舱石"作用，为经济社会稳定发展提供了坚实基础，为广大发展中国家解决粮食安全提供了有益经验借鉴，为维护世界粮食安全作出了积极贡献。

1. 廪实仓盈

廪实仓盈，殷实的气息扑面而来，这是最温暖的抚慰。那颗颗的籽粒，让人们看到往后的日子细水长流。一座座粮囤乍看像蘑菇，细观又似草庵。囤帽尖尖罩于顶端，苇席严密地围成柱形罩于囤帽之下，囤底垫有底石。这样的粮囤不仅仅为国家储粮所用，古代战场上也很常见。农民的家里这样的粮囤也很常见，不是有句戏词说：大囤尖来小囤流。囤壁上每年春节都会贴上红字写就的"粮食满囤"。

现在世界各地，大至国家，小到家庭，都会有计划地储备粮食，而小麦的储备极受重视。全球小麦价格是全球谷物价格的核心，2021—2022年度全球小麦期末库存约2.76亿吨，而2013—2014年度末，全球粮食储备中，小麦1.88亿吨。由此可见，小麦储备在逐年提高。

粮囤

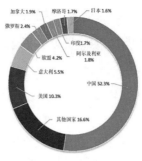

全球小麦储备占比

我国小麦库存量长期保持全球第一。2020年底，我国小麦库存量接近1.6亿吨，可谓充盈，能够满足国人的餐桌之需。处丰思歉，居安思危。发展生产，节约减损，抑制不良的消费冲动，正成为全社会的共识和行动纲领。

2. 传统储藏设施

据《王祯农书》载："庾者，露积谷也。仓，房屋者。我庾维亿，积谷多也。"又说："京，仓之方者。""廪，仓别名。廪所以藏粢盛之穗。今农家构为无壁厦屋，以储禾穗及穜稑之种。"

古代粮仓的称呼很多，比如：房仓、廪仓、京仓、囷仓、囤仓、围仓、窑仓、洞仓、窖仓，等等。

古代粮仓的结构形态也很多，根据各地的气候条件不同有所变化，目的无非就是防潮、防霉变、防高温、防发芽、防虫、防鼠、防污染。有地上的、地下的，还有搭架悬挂的。地上的有房仓、廪仓、京仓、囷仓、囤仓、围仓等等，地下的有窑仓、洞仓、窖仓，等等。

有木头搭的，有石头垒的，有砖头砌的，有泥土塑的，等等。

房仓模型

廪仓

京仓

囷仓

围仓　　　　　　　　　　围仓

　　有竹席围的、草席围的、藤条编的、钢皮铁皮围合的，等等。

　　老百姓家里民间藏粮，用瓮、用缸、用罐、用瓶，等等。

　　其实人类早期的很多容器，基本都是为了储粮、纳食和加工食物用的。

3. 现代储藏方法

　　小麦的安全贮藏是一个系统工程，需要全程控制。首先要知道小麦的储藏特性：其一，小麦具有明显的后熟作用和较长的后熟期，处于后熟期的小麦种子表现为呼吸强度高、酶活性大、生理代谢旺盛且发芽率低等特点。其二，小麦通过后熟期后，呼吸作用微弱，具有较好的耐贮性。其三，小麦具有较强的耐热性，温度50℃—55℃时，呼吸酶不被破坏，蛋白质也不变性。其四，吸湿性强。其五，易感染虫害。农谚说："小麦热入仓，各种虫类都杀光。"因此，从原料的收购、库房的建设以及贮藏过程的管理，到出仓等各个环节，都要严加控制。

小麦的储藏原则是"干燥、低温、密闭"，按照这一原则可确保小麦安全储藏。通常采用常规储藏、热密闭储藏、低温储藏、气调储藏、地下储藏和化学储藏等方法。

中央储备粮仓在贮藏管理过程中，利用现代化的物联网技术，在粮堆中，以5米距离为网格，架设了分

现代智能粮仓

小麦 入仓了

现代智能粮仓内部

层的测温点，内外还有湿度传感器，能够实时采集、分析、预警仓内粮食温度的细微变化，可在发现问题时第一时间处理。配备的智能通风决策模型可计算出通风方式、通风时长，并远程操控风机、通风窗，实现通风的智能决策。过去，人工开仓通风需要40分钟，现在坐在办公室，1分钟内就可操控20多个大型粮仓，实现了小麦的安全储藏。

4. 奔走的小麦

1万多年前那株被人类驯化的小麦不会想到，21世纪，自己的后代依然在世界各地驰骋奔波。数千年的光阴，小麦的旅程从未终止。它风尘仆仆地奔走于世界各地，满足着全球人的味蕾。

作为小麦消费大洲的亚洲和欧洲，虽然说也是生产大洲，但亚洲当年产不足需，需要大量进口小麦；中北美洲和大洋洲虽然产量不是很高，但洲内消费比例较低，大部分用于出口；非洲产量最低，但消费量相对较高，需要大量进口；南美洲生产和消费总量基本持平。

全球小麦出口主要集中在美国、加拿大、澳大利亚和法国，这4个国家常年出口量为7500万吨左右，约占世界小麦贸易量（1.1亿—1.2亿吨）的70%。其中，美国是全球最大的小麦出口国，年均出口量在2700万吨，加拿大、法国、澳大利亚也是传统的小麦出口国，出口量一直稳定在1500万—1600万吨，法国还是欧洲最大的小麦出口国。另外，这4个国家小麦出口量均超过其国内生产总量的50%，澳大利亚和加拿大比例接近80%，属于典型的小麦贸易出口国。

小麦进口国主要集中在亚洲和非洲，南美和部分欧洲国家也有一些进口。仅亚洲进口小麦的国家和地区就达20多个，年均进口量超过100万吨的国家就有12个。根据进口数量划分，意大利、巴西、日本和埃及的小麦进口量都在600万吨左右，韩国的进口量近几年保持在400万吨左右，菲律宾、印度尼西亚、巴基斯坦

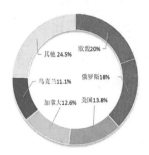

2019—2020 年度全球
小麦出口前 5 名的国家

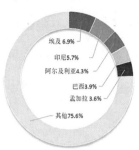

2019—2020 年度全球
小麦进口前 5 名的国家

2019 年度中国小麦进
口前 5 名的国家

的进口量也在300万吨左右，是世界主要的小麦进口
国。这些数据是动态的，随着每年每季产量和各国之
间的经济关系的变化，进出口量也随之变化。

我国随着人民群众收入水平的提高，人们食物需
求结构在转变，加上小麦的国际价格等因素，小麦供
求处于紧平衡状态，总量供给充足，高端优质小麦供
给不足，因此也是小麦进口大国。近年来，我国小麦
消费总量中，进口小麦约占2%—3%，主要是以高端优
质小麦为主，用来调剂品种余缺，满足群众日益增长
的多元消费需求。

我国小麦进口的种类：强筋小麦品种主要有美国
的硬红春麦、加拿大的红皮春小麦和澳大利亚的硬

麦；弱筋小麦品种有澳大利亚的标准白麦和美国的软红冬。

不同小麦的多样口感增加了人们的消费选择，也丰富了人们味蕾的体验。随着人民群众生活水平的提高，人们的饮食结构也在悄悄发生着变化，尤其是年轻一代，受到世界各地餐饮方式的影响，他们也开始喜欢面包和蛋糕，而这些食物的制作需要大量的优质小麦。

中国作为小麦的消费大国，要增强在面对特殊事件冲击和复杂多变国际形势影响下的保障和供给能力。我们正在努力推进中国小麦规模化、优质化种植。

仓廪实，流通畅，民生安。小麦默默熨帖着人们的日常，用恒心"磨"出人们未来的希望！

五、"磨磨"奉献擎民天

从远古人类蹲于石磨盘边手推石磨棒的铿然作声，到鲁班巧思妙想造出了圆盘石磨，从小驴拉磨的嗒嗒蹄音，到水磨转动的轰然作响，为了将小麦磨成粉，人们努力了几千年。让我们看一看小麦如何通过一盘盘的磨擎起了民众饮食生活的天空。

1. 籽粒结构与营养成分

要认识小麦当然需要解剖它的结构，知道它的化学成分，也有助于我们了解面粉的特性和营养。

小麦粗略看有三层：麸皮、胚芽、胚乳。

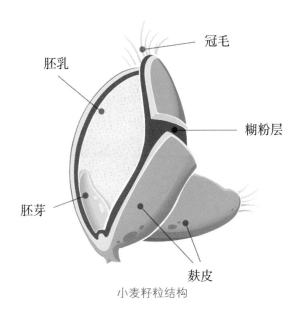

冠毛

胚乳

糊粉层

胚芽

麸皮

小麦籽粒结构

（1）麸皮

大约占整颗麦粒的12.5%—14%，又分为外皮和糊粉层。主要成分为膳食纤维、蛋白质、微量元素和维生素。还可以对糊粉层进行多层次开发，不同层次的味道和营养成分都不尽相同。

（2）胚芽

大约占整个麦粒的2%—3%，含有丰富的脂肪、蛋白质、氨基酸及维生素E、B_1等营养成分。胚芽是小麦生命的根源，是小麦中营养价值最高的部分。

（3）胚乳

大约占整颗麦粒的80%—85%，含有丰富的优质蛋白质，是做面粉最重要的部分，主要成分有淀粉和蛋白质，淀粉含量约占70%—72%、蛋白质含量高达13%。

一般来说，取材越靠麸皮外层的面粉，不溶性多糖、维生素、微量元素含量越多，麦香味也就越丰富，颜色越深，做出来的面粉灰分越高，蛋白质含量多但质量差（筋性较差）。取材越靠胚乳内芯的面粉，蛋白质质量越优质，且颜色较亮白，做出来的面粉灰分低，蛋白质质量佳（筋性较高）。如果只取胚乳中心部分，由于不含麸皮，且蛋白质质量非常好，因此操作性稳定，灰分极低，吸水率高。

当然，不是蛋白质含量越高越好，也不是面粉越精致产品越好吃。每种食品所用的面粉都有自己的特色，取决于麦子的产地、品种以及麦香和蛋白质含量之间的平衡，关系到加工工艺的精细程度。

全麦面粉是以整粒小麦研磨的面粉，是一种含有麸皮、胚芽、胚乳等所有成分的粉类，麸皮部分含有大量的膳食纤维，具有帮助消化的作用，提倡人们健康食用。

打磨出的全麦粉

2. 传统磨面方法

古希腊一位哲学家说："人类本身便是最初的磨面人，因为人类最初便会用自己的臼齿'磨'碎食物。"

所谓"磨"便是把麦粒碾碎。为了更快捷地把更多的麦粒碾碎，从古人类使用杵臼石碓开始，人类进入借助工具研磨小麦的时代。

山脚下的村庄里，泥墙老屋，屋前枝干遒劲的老树，老树下转磨的小驴偶尔打一声响鼻惊破了这乡村冬日的静寂。小驴戴着眼罩围着磨盘不知疲倦地拉着磨杆转圈，磨扇跟着吱吱旋转，一次一次倒在磨盘上的麦粒越下越少，雪白的粒粉绕着磨扇流满了磨盘。大娘把这些连同麸皮的粒粉扫到簸箕里，倒进面箩用力反复地筛，细沙似的面粉在筛底下面渐渐堆积成尖尖的小山。大娘脸上满足的笑容也同样洋溢在来回奔忙着放料、收料的大爷脸上。这是小村唯一的磨坊，村里的人家轮流排队磨面，一家半晌，磨完了给磨坊主人留下一碗好面作为报答。磨坊主人成了人们敬重的"官人"。

驴拉磨

村里的磨坊

1992 年北京市面票

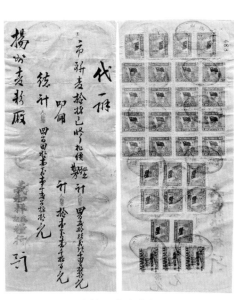

麦粉厂代办收据

中古世纪的欧洲，磨面方法和我们一样。磨坊主人是社会的重量级人物，但在其他百姓眼中，他们却始终带点"邪气"。一般人认为磨坊主人知道如何运用大自然的力量，而且磨坊偶尔会制造出神秘的爆炸声，有时候还会引发大火，这是因为当面粉的浓度在室温下达到一定程度时，的确可能受热引发粉尘爆炸。此外，磨盘所发出的热，确实也可能会擦枪走火，因而更容易引起居民的恐慌。

3. 现代制粉工艺

日本早在1905年就创造了磨辊式小麦制粉成套设备。在20世纪初期，这些制粉设备的引进，为中国现代制粉工业的发展提供了很好的技术参考。

小麦加工工艺就是将小麦制成满足各种需求的面粉的过程。一套好的加工工艺流程可以提高小麦加工厂的效率，最大程度上满足节能、环保、高品、高效的生产要素，取得长期、稳定、持续盈利的经济效益。

（1）清理工艺

制粉界有句谚语："良好的清理，即工作的一

复杂的小麦制粉系统

半"。想要制出好的面粉，我们要从原粮抓起，先
是对小麦进行加工前处理，即所谓的初清和一清、二
清。对小麦进行加工前处理的目的就是清除杂质，保
证设备的正常运转，确保成品质量。小麦由于选种、
栽培、收割、脱粒、晾晒、干燥、运输和储藏等原
因，难免会混入一些各种各样的杂质，而这个清理杂
质的过程就是小麦的清理工艺。

（2）水分调节

接下来就是对小麦进行水分调节，也就是我们常
说的润麦。通过水分调节使小麦中游离水增加后，小

麦皮层的坚韧性会增强，胚乳中的颗粒淀粉会变得疏松，这种变化有利于研磨、降低能耗；胚乳易破碎，皮层不易破碎，使得小麦在研磨筛理中皮层不易混入面粉。水分调节后的小麦研磨成粉，面粉的色泽、质量较好，出粉率高。

（3）制粉系统

在小麦加工前处理完毕后，我们会将小麦送入制粉系统进行制粉。制粉的目的就是将通过清理和水分调节后的净麦通过机械作用的方法，加工成不同需求的小麦粉，同时分离出副产品。研磨的目的是利用机械作用力把小麦籽粒剥开，然后将麸片上的胚乳刮净，再将胚乳研磨成一定细度的小麦粉。

制粉的设备包括研磨、清粉、筛理等机械。研磨设备的作用是将麦粒破碎，从麸片上剥刮胚乳，最后把胚乳磨成面粉，磨面粉时常用到的设备是辊式磨粉机和协助磨粉的松粉机；清粉设备的作用是将粒度大小相同的麦心、麦渣和小麸片在气流的辅助作用下按质量进行分级，清粉常用的设备为清粉机；筛理设备的作用是将研磨后的物料按粒度大小进行分级，同时筛出面粉，一般使用的筛理设备包括高方平筛、圆筛及协助筛理的打麸机和刷麸机。

（4）成品精细化加工

这是面粉的后处理。这个过程是小麦加工的最后阶段，其中包括面粉的收集、配粉、称量和微量元素的添加。面粉收集就是在制粉工艺流程中对各道平筛筛出的面粉进行收集、组合与检查。配粉可以使研磨出的面粉满足各种面制品的要求，同时使得产品质量稳定。

在对小麦制粉过程中，要遵循"轻研细磨、循序后推、同质合并、连续稳定"的制粉工艺。

4. 精彩"粉"呈

我们要吃馒头、面条和大饼，也想吃蛋糕、面包和饺子，对不对？这些食物虽然都来自面粉，但你知道它们是由不同种类的面粉做成的吗？是的，为了满足你的口腹，我们可以配制出不同种类的面粉。

走进面粉售卖区，一样的粉糯麦香气味，一样的黏有白色粉末的包装上印着富强粉、特一粉、特二粉、小麦粉、饺子粉、蛋糕粉、全麦粉，等等，名目繁多，让人目不暇接，不知该提走哪种？随着人们生活水平的逐步提升以及食品工业的进一步发展，面粉的种类越来越多。不同种类的面粉，用途也有很大的区别。按照加工精度划分可分为特制一等粉、特制二等粉、标准粉、普通粉。按照面粉中蛋白质的含量，也就是面筋的多少，可以将其分为特高筋面粉、高筋面粉、中筋面粉、低筋面粉4种。

特高筋面粉指的是蛋白质含量在14%以上的面粉。这种面粉也是所有面粉中蛋白质含量最高的。这种面粉的筋度、黏度等指标都要高于其他面粉，最适合做油条、通心粉、面筋等面筋度高的面点。

高筋面粉，又被称为强筋粉、高蛋白质粉、面包粉。高筋面粉的蛋白质含量为12%—15%，湿面时筋值在35%以上。这种面粉最适合做面包，其他面点如起酥点心、泡芙、派皮、松饼等也适合用高筋面粉。

中筋面粉的蛋白质含量在9%—11%，湿面时筋值为25%—35%。这种面粉的筋度和黏性比较均衡，适合范围比较广泛，市面上所售卖的面粉大多是中筋面粉。中筋面粉适用于制作馒头、肉饼、麻球、烧饼、包子等。

低筋面粉，又称弱筋粉或者蛋糕粉。其中蛋白质含量为6%—9%。这种面粉无论是黏度或者筋度都比较低，因此最适合用于制作糕点、蛋糕、甜酥点心、饼干等。

人们对生活品质的追求激励着制粉工业不断发展，开发食品专用粉系列，包括多谷物混合粉、海绵蛋糕混合粉、燕麦皮混合粉、比萨饼混合粉、炸面圈混合粉、蛋糕混合粉、面包混合粉和汤用面粉增稠剂、面拖料等面粉延伸产品，给小麦制粉工业开辟出越来越多的经济增长点。利用生物技术，采用安全、高效的面粉品质生物改良剂，替代现在使用的化学添加剂，实施面粉营养强化战略，改善面粉的营养品质和食用品质，使传统的小麦加工业生机勃勃，使人们的个性食欲更加方便高效地得到满足。

5. 小麦全身是宝

小麦全身都是宝，六分之五用作食品，六分之一作为饲料和其他工业原料，综合利用价值极高。可通过深加工，用于很多其他产业。

小麦在奉献完所有麦心里的麦粉之后，最后剩下来的是麸皮碎屑。淡黄色的一堆，松松散散的，在以

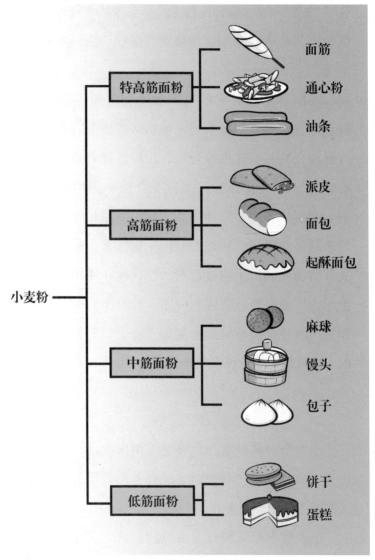

不同种类面粉制作的食品

往，这是上好的饲料。不管是喂鸡鸭还是喂牛喂马喂猪羊，麦麸比起谷糠菜梗的粗糙，乃是家畜们难得的美味。新时代的人们在享用麦心粉的细腻后，忽然又认识到了麸皮的种种功效，因此提倡食用全麦粉。也难怪，连《本草纲目》都记载："润大便，治气痢，除黄疸，老人煮粥甚益。"

营养博士说：半杯小麦胚芽胜过4个鸡蛋的蛋白质成分。孕育了小麦生命的胚芽具有食品和保健的双重功效。它所含的蛋白质是一种优质的植物蛋白，含有人体所需要的多种氨基酸。它的脂肪含量超过10%，油脂中不饱和脂肪酸占到84%，尤其是其所含的亚油酸是人体必需脂肪酸中重要的一种。正是看中了小麦胚芽的这种特性，人们开发出了小麦胚芽油。

"小麦啤"你一定听说过或者相当熟悉。这是由麦芽发酵酿制而成的一种啤酒，据说这种工艺远古人类就已掌握，不过很长

小麦啤酒

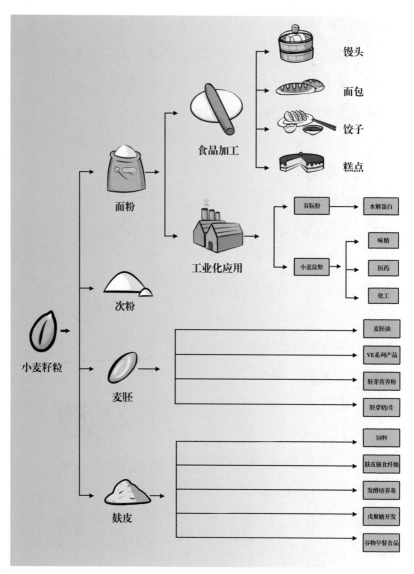

馒头

面包

饺子

糕点

食品加工

谷朊粉 → 水解蛋白

工业化应用

小麦淀粉 → 味精

医药

化工

面粉

次粉

麦胚油

VE系列产品

胚芽营养粉

胚芽奶/片

小麦籽粒

麦胚

饲料

麸皮膳食纤维

发酵培养基

戊聚糖开发

谷物早餐食品

麸皮

小麦用途

小麦制造美味啤酒

时间里，这种技术掌握在贵族手中，对于普通人，"小麦啤"只是一个神秘的传说。二战后，德国进行了"小麦啤酒文化复兴运动"，这种泛着淡淡橘色的液体迅速风靡了世界。在降温保存两三天使得瓶中的酵母沉淀之后，将瓶身倾斜使得酒液成线慢慢注入杯中，麦香混合着脂香在口鼻间穿梭，闻一闻便足以陶醉。

这里是腾格里沙漠。我国20世纪建成通车的包（头）兰（州）铁路，中途穿越这片沙漠。国外专业人士曾预言流沙难治、沙害难除，这样的铁路寿命不会超过30年。在全世界都没有可资借鉴的先例和经验的困难条件下，我国技术人员通力合作，发明了用"麦草方格"阻拦流沙、固沙护路的技术。就是用切短的麦秸在铁路沿线的沙漠栽种成一片片方格，成功阻挡了风沙流动，排除了沙害侵袭，解决了困扰铁路人的世界性技术难题。至今包兰铁路安然无恙，畅通无阻，成为世界铁路建设史上的奇观和佳话。真是麦秸治沙，功比天大。

小麦倾力打造了人世间的繁荣幸福，"面面"俱到成就着我们的岁月静好。

六、"面面"俱到万食缘

有了面粉，就好像具备了一切刺激味蕾的可能。几千年来，小麦与世界各地的人们合作，创造出不计其数的各色美食。小麦的变身能力，没有哪一种食材可与之匹敌。小麦之于人类，犹如空气之于呼吸。虽然它是如此地质朴，质朴得始终保持着自己大地的颜色，不慕华丽不事张扬，但却创造着人类美好的生活，收获着世人最深的敬畏。

要真正做好一种美食，发挥出小麦的妙用，必须有长久的经验积累。美食制作犹如科学家在做实验，配料方案、火候把握、工艺流程、方式方法，等等，经过成百上千年的锤炼，人们摸索出小麦食品最主要的5种制作方法，分别是煮、蒸、煎、炸、烤。在这些制作方法的实施过程中，人们掌握了许多精湛的技术，形成很多精妙的配方和工艺，有的已成为世界非物质文化遗产，受到法律保护，成为人类饮食文化中的经典。当然这些首先得益于面粉自身的天赋异禀，别的粉调和了水也就仅仅是调了水的粉而已，但面粉却不同，水赋予了面粉新的生命力。如果说小麦的生长是一个生命轮回的话，那么面粉与水的结合便开启了又一个生命轮回。面粉因水而成了灵动的精物，可以给人们创造无与伦比的美味佳肴和无限美好的童话世界。

1.水"煮"沉浮

"煮"是人类最古老最传统的制作食品的方法，通过煮来食用的小麦食品有面条、水饺、通心粉、麦片等。

（1）面条

面条由最初的汤饼发展而来，到宋朝时已是品类繁盛，花样繁多。除用汤煮外，又有炒、爊、煎等加工方法。面条上加各种荤素浇头（北方叫臊子），出现了各样地方风味。据宋代孟元老《东京梦华录》卷四记载，汴京的面条，有四川风味的"插肉面""大㸆面"；北方风味的"罨生软羊面""桐皮面""冷淘"；南方风味的"桐皮热脍面"；寺院的"素面"等。这些面条，或热或冷，盖浇面的浇头有瘦肉浇头、肥肉浇头，每碗"十文"，"行菜者左手杈三碗，右臂自手至肩驮叠约二十碗"。《东京梦华录》卷四《食店》说："旧只用匙，今皆用筋矣。"筋就是箸，也就是我们所说的筷子，宋朝时的面条，已真正成为用筷子"挑食"的面条了。

面条

　　一碗面是每个北方人最普通的日常。对于吃面，不同地域的人也吃出了不同的地方特色。

　　刀削面：浇上不同的浇头，再来点辣椒油和陈醋，香菜小葱，红白绿相间，颜色非常清新，味道也十分可口。这是山西的刀削面。

　　烩面：乳白的汤底中浸着盘曲的面片，镴中铺陈着金黄的豆腐丝、油亮的粉条、翠绿的香菜，还有两颗滑亮光溜的鹌鹑蛋，似两颗珠子引诱着你的眼。这是河南的烩面。

　　拉面：面条清齐，油光闪闪，捉筷一挑，浓香扑鼻。这是兰州的拉面。

拉面

油泼面：烫好的油泼辣子浇上去，伴着"呲呲"的响声，但见鲜红碧绿，油滋汪汪，满碗红光闪亮。这是陕西的油泼面。

阳春面：苏式汤面的一种，又称光面、清汤面或清汤光面，汤清味鲜，清淡爽口，是江南地区著名的传统面食，是上海、苏州、无锡、扬州、高邮、淮安等地的一大特色小吃。

麻辣小面：是一道重庆人最爱的小吃，也就是我们所熟知的重庆小面。麻辣小面归属于重庆面的一类，相传有上百年历史，因其独特的风味而闻名遐迩。

热干面

锅盖面：也称镇江小刀面，是中国十大名面之一，被誉为"江南天下第一面"，是江苏省镇江市的一道地方特色传统美食。成品的锅盖面具有软硬恰当、柔韧性好等特点，是一道老少咸宜的小吃。

挂面：可说是中国人最早的"方便面"。这种方便携带的面让人无论何时何地都可品尝到"家"的味道。据说秦始皇在征战六国过程中行至秦岭南麓，见路边农舍有老汉悬一排面条在晾晒，面条细而长，如

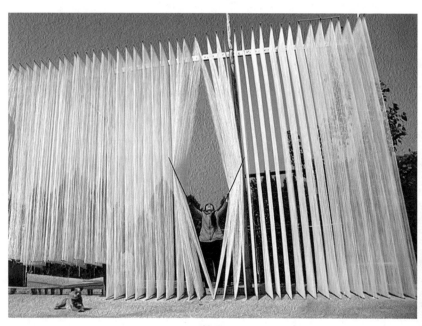

挂面

一道银白挂帘。秦始皇命人煮面品尝，但觉细滑爽口、美味无比，由此，挂面被列为御膳贡品连年进贡。唐时，普通百姓也将挂面装入礼盒作为礼品馈赠亲友。挂面现今也是家常必备的方便食品。中原各地还有空心挂面作坊，而且拉得很细，直径只有1.2—1.3毫米。

林林总总，一碗面能满足你对面条的所有想象，不同的面，承载着人们相同的祈愿。

正月初七这天要吃面条，人们希望用面条缠住岁月的双腿，便可以长生不老。谁在过生日那天不吃一碗"长寿面"呢？据说这和汉武帝的一个传说有关。汉武帝过寿时厨师做了面条，东方朔对此的解释是因为面长，面长预示着寿长，这让汉武帝很高兴，因此便有了生日吃长寿面的习俗。除了生日吃面，中国人在夏至这天也要吃"入伏面"。因为古代在夏至这天要祭祀祈祷，此时民间新麦刚下，人们便以面敬神。文献记载说，三国时的何晏正是因为在夏至这天吃面吃到脸上冒汗，人们才知道原来一直传说的"敷粉何郎"并不是脸上敷了粉，而是真的脸面玉白。

（2）通心粉

通心粉是意大利面中的一种，有空心和实心之别。通心粉对原料的要求很高，必须采用蛋白质含量足够高的典型的"杜隆麦"（硬麦的一个特殊品种）磨制的粗粒粉。这种粉也被称为"砂子面"，含蛋白质14%左右，湿面筋含量高，筋力强。用这种面粉制成的通心粉，色泽呈半透明的浅黄色。通心粉是挤压成型的，其最大优点是可以更换各种模具，挤压出空心或实心的圆形面条以及螺壳状、字母状、挂花状、车轮状等各种花色品种。

通心粉

（3）水饺

中国人爱说：好吃不过饺子。无论南北，人们对于这种包馅的面食同样情有独钟。饺子也是北方春节里必吃的面食。这不但是因为饺子的美味，还在于其深层的寓意。清朝史料记载："元旦子时，盛馔同离，如食扁食，名角子，取其更岁交子之义。"又说："每年初一，无论贫富贵贱，皆以白面做饺食之，谓之煮饽饽，举国皆然，无不同也。富贵之家，暗以金银小锞藏之饽饽中，以卜顺利，家人食得者，则终岁大吉。"这说明新春佳节人们吃饺子，寓意吉利，以示辞旧迎新。有意思的是，饺子不仅可以用各种各样的馅料，而且可以包成很多有趣的形状，锁边

花样水饺

形、柳叶形、葵花形，随你喜爱。

2. 蒸"蒸"日盛

　　蒸与煮一样离不开水，但是浸水翻滚与水蒸气蒸制出来的面食是完全不一样的口感。据记载，汉朝时已有蒸饼，人们在新石器时代的遗址里就发现了多种类型的蒸笼。等到诸葛亮在泸水岸边制作出馒头时，人们对于蒸笼加工面食的技术已十分娴熟。那种"火盛汤涌，猛气蒸作"的景象，从此成为市井里巷老百姓生活的日常。

　　馒头又称"馍"，从其诞生之日起，便是礼的载体、情的使者。人们把美好的祝愿与祈盼巧妙地捏合进面团里，用一团团的面搭建起人神之间的桥梁，赋予了"馍"超凡脱俗的神圣。

面塑艺术

　　雕梁画栋，翘檐飞角，远观气势轩昂，近看惟妙惟肖，檐角的风铃似乎还在风中泠然

卡通面塑

作声。如果告诉你将这旗杆取下可以放嘴里吃掉，你会怎么看？没错，这是花馍，由面粉做成。号称"中华一绝"的花馍，据记载其历史可上溯到汉代，做得更加精致的供人们行大礼摆设观赏的已成民间艺术品"面塑"。

晋北人家在孩子的满月仪式上，会用面做一种"桃"馍。形似蜜桃，顶端点红，馍上装饰各种花草，纹饰吉祥图案。桃谐音"逃"，自古以来被中国人视为避邪之物。孩子满月做"桃"馍意为消灾避祸，保佑孩子平

寿桃花馍

安长大。

婚礼是极为重要的人生大典，在这样重要的日子里，新人的洞房门头上一定要放一对用红线连在一起的面兔。这既象征着玉兔姻缘，又有镇宅驱邪之意。

"桃"不只出现在孩子的满月仪式上，老人祝寿也离不了"桃"。老人年至花甲，晚辈们便会准备大寿桃为老人祝寿，寿桃代表着祝愿老人健康长寿的浓浓心意。

肃穆静默中，人们把不同大小形状的花馍献于供桌之上。这样的"供"是有大小之分的。直系亲戚的是"大供"，其他宾朋的是"小供"。这种"供"来源于古时的三牲祭奠。人们用"供"寄托哀思，祈盼

紫薯双色玫瑰花馒头

逝者一路走好。

花馍走过岁月，不仅出现在人生的每个重要时刻，而且在日常的年节中也承担起人们厚重的寄托。

蒸花馍是我国一些地区人们过春节前的一件大事。旧历的年底之所以有迎年的气氛，除了空气中幽微的火药香，还有这花馍的香气。民谣称"二十九，蒸馒头"，腊月二十八做好了发面，二十九就要开始蒸馒头了。人们尽情发挥想象，把馒头做成寿桃、小动物等各种造型。家家户户弥漫着刚出笼的馒头香味，小孩子啃着热乎乎的馒头，坐在热炕头听大人讲家长里短，年味渐渐浓起来。

人们首先要蒸枣花糕。所谓枣花糕，就是把面捏成花的模样，一层一层摞起来，并在花瓣间夹上大枣。枣花糕有大小之分，一般的习俗是大枣花糕和小枣花糕都要各蒸八个。"八"，因为谐音"发"，历来被认为是吉祥数字。"枣"，则谐

枣花糕

卡通馒头

音"早"，迎合了人们凡事求早的心理，无论是早发家还是早生子，什么都要赶早。人们会极尽所能，尽量把枣花糕蒸得大些、白些，枣也插得尽量多些。大枣花糕主要用来在除夕之夜祭天或祀祖，小枣花糕则主要用于压箱柜，以祈求上天保佑来年丰衣足食。

墙上虽然已贴上了胖娃娃怀抱红鲤鱼的年画，但蒸几条面鱼也是必不可少的。面鱼甩着长长的尾巴，张着圆圆的嘴巴，似乎在高声祝福着"年年有鱼（余）"。除了有鱼，还得有蟾。除夕夜，水缸的盖子上常常是一边放着鱼，一边蹲着蟾，那蟾的嘴巴里必定衔上一枚硬币才更能体现其招财的寓意。当然也要捏一些元宝，用面团仿照古代之金银锭元宝做成，在上面挑面鼻、插大枣，寓意招财进宝。

摊煎饼

烙饼

3. 烙色 "煎" 味

你听，溺滂溺滂，犹如风拂枯柴。鏊底火舌忽忽，鏊子上的面糊迅即被刮摊成薄薄一层，"圆如望月，大如铜钲，薄似剡溪之纸，色似黄鹤之翎"。这是酷爱煎饼的蒲松龄对煎饼的描绘。"煎"制小麦食品有煎馍、煎饼、煎包等。

4. 油 "炸" 酥脆

潇潇暮雨中，山西洪洞县的人们炸好了寒具（咸徽子）供于香案，祭奠那位春秋时的名臣义士介子推。寒食节里食寒具的习俗已传承了上千年。这里是中华文明的发祥地之一，这片土地上曾经经历过史上最大规模的移民。寒具跟随着人们的脚步走向了南北各地。

麻花

油炸食品是我国传统的美食之一，具有酥脆的口感、扑鼻的香气以及金黄的色泽，深受消费者的

炸油条

喜爱。我国的小麦油炸食品花样繁多，最受人们喜欢的有馓子、麻花、油饼、油条、油炸菜角等。很多的油炸食品通常还需要使用裹粉挂糊以保证在油炸过程中产品的质量，如小酥肉、酥羊肉、炸鸡、炸鱼、炸虾等，而裹粉主要也是用小麦面粉。

5. 烘焙美味

烘焙制作的小麦食品有面包、蛋糕、烧饼、月饼等。其中，面包的发明是一个"意外之喜"。

（1）面包

根据古埃及的传说，在大约4600年前，一位专门为主人烤制面饼的奴隶由于太过劳累，在面饼还未开始烧烤之前就沉沉睡去，未加炭火的烤炉也慢慢熄灭。奴隶第二天醒来，本以为闯下了大祸，却发现昨晚未经烧烤的生面饼膨大了一倍之多。奴隶灵机一动，将已经发酵膨胀的面饼放入烤炉烤熟，发现烤出来的食品又松又软，口感极佳。据传，这位奴隶就是发酵面包的发明者，他本人也成了埃及炙手可热的职业面包师。这一传说的真实性或许有待证实，但在古埃及法老拉美西斯三世陵墓墓道壁画中，的确展示了面包制作的全过程。就像中国人发面做馒头一样，西方人多用发面做面包。

意大利的"潘妮朵尼"是一种圆柱形的大面包，米兰人称呼它叫"Panetun"。制作时在面粉中加入橘子皮、柠檬皮、葡萄干、奶油、蛋黄等一起拌匀，并且加上酸老面，经过长时间低温发酵，使果香与面团充分融合，顶端做成巨蛋形。摆上"潘妮朵尼"的圣诞节，平添了许多的喜气。

德国人在圣诞节这天要分享"史多伦"来纪念耶

古埃及法老拉美西斯三世陵墓墓道壁画复写

希腊神话中底比斯城的宫廷焙烤场景

热十字面包

稣。这款经典的面包极像耶稣出生时的包巾，那么长长的一条，可以从圣诞节吃到复活节。在冰箱里冷冻过的"史多伦"，时间越久，味道越浓郁。

　　热十字面包是西方国家的传统食物，特别是在复活节的前一周尤为受欢迎。关于热十字面包的起源，最早的文字记载是在16至17世纪。在厨房的椽子上挂一个十字面包，被视为可以庇护人们不受邪恶的侵害。

制作面包

百式面包

（2）蛋糕

过生日时摆上一个蛋糕，点上蜡烛，默默许个心愿几乎已经成为一种约定俗成的仪式。人们都相信生日蛋糕会带来好运。

蛋糕（cake）这个词源于13世纪的英国，是旧北欧语卡卡（kaka）的派生词，代表"幸福"的意思。在中古时期，蛋糕便被视为吉祥的象征，那时的欧洲人相信吃了蛋糕就能赶走厄运。

在欧洲中古时期，人们普遍信仰基督教，而他们认为，人的灵魂在生日那天是最容易被恶魔入侵的。为了抵御恶魔，人们在生日当天会与亲朋聚在一起，

制作生日蛋糕

接受来自周围人的祝福和关心。早期人们会送上一些鲜花蔬果祝福，后来渐渐开始送蛋糕以示好运，而且在吃蛋糕之前要点上蜡烛，照亮内心，驱逐恶魔。

还有一个传说是关于月亮女神的。相传在古希腊，人们信奉月亮女神阿尔忒弥斯，每逢月亮女神生日，人们就会在祭坛上供奉很多蜂蜜饼，并点上很多蜡烛，以此来表达对女神的崇敬和信仰。后来随着时间的推移，人们在给小孩过生日的时候，也开始模仿月亮女神的生日，在桌上摆上蜂蜜饼点上蜡烛，而在吃饼的时候就必须吹灭蜡烛。渐渐的希腊人又给吹蜡烛的动作赋予了含义和仪式感，他们相信蛋糕上的蜡烛具有一种神秘的力量，只要吹灭蜡烛，心中的愿望就能实现，这就是许愿吹生日蜡烛的由来。后来，庆祝生日必备蛋糕便成为世界各地的传统，流传至今。

在法国，每年圣诞节，蛋糕店里都会出现一款树干样的蛋糕，当地人叫它"木材蛋糕"。圣诞节这天，在外工作的游子都会赶回家乡，全家人团聚在暖炉前，一起吃这种木材蛋糕。这种习俗来自一个古老的传说：据说若将前一年烧剩的柴做成灰，这灰便可避邪。所以，人们在圣诞节的前一周，就会拿一根很

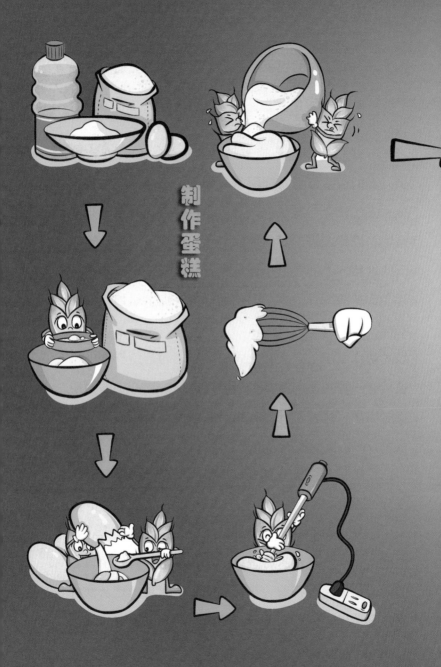

制作蛋糕

木材蛋糕

长的柴火来烧，在圣诞节当天烧完，并且要吃木材蛋糕，如同我们的除夕守岁。到了半夜的时候，全家人一起吃着木材蛋糕，唇齿间满溢着浓浓的亲情。

英国、爱尔兰和许多英联邦国家的人们吃的圣诞蛋糕，常在蛋糕顶部用巧克力或果酱浇出"圣诞快乐"的字样，四周插上特制的圣诞蜡烛。蜡烛形状小巧，五颜六色，由主人吹熄，然后大家分吃蛋糕。人们还会在蛋糕中放进三粒豆子，以此代表圣经故事中的三个东方贤士，谁吃到豆子谁就当上了"三王"，吃上豆子的人在圣诞这天会格外神气。

西班牙国王蛋糕，正如它的名字，通常是做成王冠状的，里面还放有一个小小的耶稣玩偶，吃到玩偶的人就是圣诞派对的国王。

（3）月饼

中秋是中华儿女团圆的节日。天上的那轮明月与代表团圆的各式月饼匹配才称得上相得益彰。月饼从形状、馅料、口味到蕴含祈福的精美图纹，内涵丰富，花样繁多，无不反映着相应的地域特色，可谓月饼文化、月饼经济。

其实，小麦在即将成熟前就已经有人开始食用了。华北地区的人们喜欢"尝新"，在夏至前后小麦吸浆将满，但又未完全黄熟时，也就是在小麦麻黄

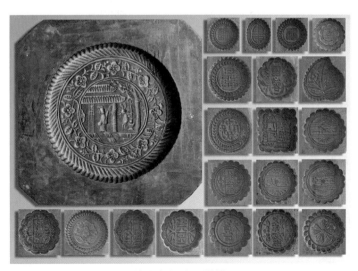

花纹多样的月饼模

碾转

时，将其穗头齐腰摘下，扎成整齐的束把，用火在锅内焖或在火上烧熟，乘热搓去壳，肥嫩味美，极耐咀嚼，是小孩和年轻人最爱吃的食物之一。

还有一种特殊食品叫"碾转"，豫北地区人们把青麦在石磨中推碾形成的寸许淡青圆条，放在笼内蒸熟后，拌上青蒜、辣椒、小白菜、香菜、菜油等，清香味美，饶有风味。在荒年，这叫作"青黄相接"，在丰年，这就叫"尝新"。村妇村姑们提着清香鲜美的"碾转"探亲访友，村前村后洋溢着一片麦熟前共"尝新"的喜悦。

七、超"麦"绝伦创奇观

　　小麦，粮中的豪杰。几千年来，它披荆斩棘，更替同伦，扩展疆土，称雄世界，同时也改写着人类的文化。自从9000年前西亚先民们养育了它，它便开启了大地的征程，纵横万里，遍及五湖四海。不论各地是怎样的肤色、怎样的种族、怎样的习俗，小麦都像一条网络地球的纽带，无声地调和了世界人民的味蕾，并形成了各具特色的小麦文化。

1. 小麦"控制"世界

　　生命是有韧性的，人类靠着能够发明与利用技术的天赋，比其他的物种更善于在各种环境中生存。小麦虽然不像人类那么能屈能伸，但它的多样性更加显著。它能够侵入更多新的栖息地，以更快的速度成长，演化得更快而不致灭绝。根据达尔文的观察，"小麦很快就能呈现新的生活习性"。小麦这一与众不同的特性，使得它和人类结盟、驰骋世界。

常拿来装饰学术殿堂和博物馆山墙的凯旋浮雕，如果少了麦穗和麦束的图案就不算完整。我们把小麦当成文明传统的象征，我们将小麦这种禾本科植物改良为人类的食物，36亿亩的土地上到处都有它的足迹，小麦俨然已掌控了世界。

为什么是小麦"控制"世界？

在世界三大主粮中，小麦最重要。因为世界各国饮食习惯的问题，小麦几乎全作食用，仅约有六分之一作为饲料使用。小麦是唯一一种能成为全世界主食的粮食作物。无论中国及东亚的面食，西方的面包，阿拉伯的烙饼，都离不开小麦。

世界各国的粮食都以小麦为主，小麦因此成为世界播种面积最大、分布最广和产量最多的粮食作物。目前，小麦占世界粮食贸易总量的50%，交易范围广、交易量大、参与国家和地区多。抓住了小麦，就等于抓住了粮食贸易的关键。

"麦田怪圈"你知道吧，也可能与小麦本身没有关系，但是它是目前人类无法准确解释的一个谜团。第一例关于麦田怪圈现象的报道可以追溯到1647年的英国，此后，美国、澳大利亚、欧洲、南美洲、亚洲等地都频频发现麦田怪圈，其中绝大部分是在英国。截至目前，全世界每年大约要出现250个麦田怪圈，图案也各不相同。但令人遗憾的是，350多年来，科学界对怪圈是如何形成的一直存在争议。关于成因，有多种说法。一说是磁场，二说是龙卷风，三说是外星人制造，四说是人为制造的恶作剧，还有异端邪说，认为麦田怪圈背后有种神秘的力量，等等。为什么"怪圈"都出现在麦田呢？是因为麦田占的面积大吗？是因为麦子长得整齐吗？是因为麦子是人

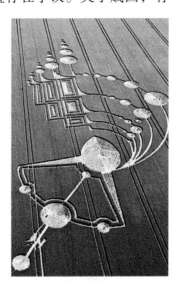

麦田怪圈

类的好友从而控制了世界吗？还是因为人类要让麦子发扬光大，要让麦子的形象更加冲击世界的眼球呢？无论如何，麦田怪圈如此壮美的奇观，让人遐想无限！

2. 人类感恩小麦

小麦跟随人类称雄世界，

人类依赖小麦生存发展。

好兄弟，

亲伙伴！

生长于同一个世界，

却各有自己的心灵。

相互珍重，相互祝愿，

强强联合，共赢世界！

（1）敬畏天地　顺应自然

留在记忆中的那场灾害，至今想起犹觉惊心。

那是5月下旬的一天中午，黄熟的小麦把汾河湾铺展得一片金黄灿烂，期待丰收的喜悦洋溢在每个人的脸上。忽然，晴朗的天空乌云密布，刺目的闪电划过天际，伴着隆隆的雷声，铺天盖地的冰雹倾泻而降。

人们惊恐地看着鸡蛋一般大小的雹子砸在窝棚上、房顶上、院子里的脸盆上，噼噼啪啪，犹如一只巨手抡着扁担劈面而来。天地间混沌一片，恐怖张开了大网笼罩了村子。在田里干活来不及躲避的农人被砸倒在地。20多分钟后，风停了，雨住了。地上的冰雹堆积足有七八寸厚，光秃的树上垂挂着断折的树枝。人们踉踉跄跄跑到麦田边，被眼前的景象惊呆了，那片喜人的金黄完全被看不到边际的青白覆盖，粼粼的寒光透着彻骨的冰冷，有人绝望地号哭起来。

麦童哭冰雹图

生产队组织社员们抢救小麦，要把压在小麦身上半尺多厚的冰雹推开移走，谈何容易？但那是麦啊，那是人们赖以生存的命根！人们起早贪黑地日夜奋战，抢救出来的好麦不到二十分之一，再抢救，挖出来的小麦已经发霉变质，就是这样，人们也舍不得丢弃，拿回家晒干捣碎，一样拿来充饥。那一年生产队给每个人分了8斤8两小麦，这个数字我永远不会忘记，那时我正是小学5年级的学生。

感谢党，感谢国家，感谢亲朋好友，我们靠国家救济粮、靠借贷粮、靠挖野菜、割苜蓿度过了那场自然灾害，也让我明白，敬畏自然才可与自然和谐共生。

（2）粒粒小麦　皆呈辛苦

小时候上学，一年有三个主要的假期：年假、麦假和秋假。

13岁那年放麦假的第二天，早上还没睁眼，我就听见巷子里有人大声地呼唤："快走了，收麦了！"队长前一天晚上就通知我明天跟着一起割麦子。我急匆匆地下了炕，一口气喝完了一碗妈妈熬好的米汤，拿上昨晚爸爸已给我磨得锋快的镰刀，捏了个窝窝头，兴奋地奔出了院门。

我和社员们一块儿走出村子，眼前平展展、金灿灿的麦浪好像在热烈欢迎我们。远望麦田，翠绿的柿子树姿态各异，像是小麦的守护神！我"雄赳赳气昂昂"地挥舞着镰刀，一路小跑，心里想着我长大了，这儿就是我今天要大显身手的地方。

到了地头，队长分工，大人每人占四行，我们小哥几个每人占两行，开始割麦。大人们左脚前右脚后，俯下身弓起腰，右手握镰刀，左手抓一把小麦，右手用力猛拉镰刀，噌！噌！噌！镰刀真快，一下一大把，一下一大把，一瞬间，已把我们远远甩在身后。骄阳似火，热风扑面。他们身后割倒的小麦整整齐齐并列了长长的一排一排。

看着眼前我的两行小麦都还趾高气扬地站着，我急得满头大汗，像砍柴一样抢着镰刀，动作笨拙地砍着手里的小麦，心里不服气，欲速却不达，割了半天还没有离开地头。突然，一不小心，锋利的镰刀划到了脚腕，割开一个大口子，鲜血直流，汗水和着鲜血流满了土布鞋。我忍着剧痛，不敢吱声，继续埋头割麦。可血流不止，浸湿了脚下的麦地，我害怕了，停

麦童割麦园图

下来叫人，害得好几个大人放下镰刀跑过来帮我，安慰我，说他们都有过这样的受伤经历。百忙之中，给人添乱，这让我无地自容。第一次割麦子我就这样灰头土脸地下了火线。

那一次的痛，让我深深感受到，农民的艰辛与善良。粮食粒粒皆辛苦！令我更加珍爱得之不易的小麦！

（3）儿时记忆梦　珍惜当下粮

儿时的记忆回味无穷。记得街边有个打饼摊子，火炉上的鏊子冒着丝丝青烟，香味远远地在百米开外

就可闻到。咣当、咣当、咣当…当当！打饼人手耍擀面
杖虎虎生风地在案板上敲击出清脆的律动，那份娴熟
麻利，那份浓厚醇香，吸引着想吃饼子的小孩围了半
圈。只见打饼人把一块和好的面往案板上一摔，用手
捋成一尺来长，抹上油，撒上芝麻，再一卷，拿起来
侧着拍在案板上，三两下擀成饼，在热鏊上抹油，把
卷在擀面杖上的生饼坯往热腾腾的鏊子上用劲一贴；
半分钟后，热气袅袅，底面已经烙黄，翻面，转饼，
中间一切，分成两个半圆，挪开鏊子，把半熟的面饼
竖放进炉内烘烤，盖上鏊子；继续打下一个饼子，待

麦童梦饼图

这个饼子切好进炉时，顺便取出上个饼子，循环往复。"三下五除二"，两个月牙形的焦黄焦黄的饼子新鲜出炉，香喷喷，又弹又软，又酥又脆。

那时最大的愿望是能买上一个饼，掰一块，吃一块，掰一块，吃一块……

那个鲜，那个软，那个香，难以忘怀！那焦脆，那弹性，那嚼劲，即使到现在，也时常唤起我的味蕾。

能天天享受这样的天物，成为我儿时的梦想！

纵观历史，人类社会危机的最终表现就是粮食危机。

粮食危机的后果就是社会动荡，经济崩溃，民不聊生。

在食物面前，什么都显得无足轻重。

国以民为本，民以食为天，食以粮为先，粮以麦为大。

珍惜小麦，端牢、端好中国饭碗。

嗨，麦童感谢你！

《万食之缘·小麦》付梓，如释重负。

　　以前，没有哪本书在写作之中让我如此的纠结。我曾参与过小麦的种植与收割、磨过小麦，双手捧过细白的小麦面粉，欣喜地品味过面食的万千滋味，小麦与我的生活息息相关。更由于近十多年专业从事粮食文化研究工作，常与粮食打交道，对粮食的来龙去脉，粮食对社会和人类发展的影响，说起来也算头头是道。小麦作为粮食大类中的王者，我自然与之频频邂逅，时时聚首，自认对它已有相当研究。接下"中国饭碗"丛书的主编任务时，我首先想到的便是要认真写一写小麦，让更多的人认识、了解养育我们成长的最重要的粮食作物之伟大。但是，真正提笔，却思乱如麻，深深感到小麦知识犹如深邃的海洋难理头绪。以往对小麦的籽粒结构、成分含量、品质特征等不过是零零碎碎、一知半解。为了能够全面准确地表达，我在很短时间内就搜集了大量的小麦相关资料。特别是2021年元月，我慕名去了苏州诚品书店，翻阅了数百本有关小麦的古今中外典册书籍，了解到关于小麦来龙去脉的各种说法，熟悉了关于小麦种植加工的各种方法，心里才真正有了一些底气。

文字第一稿在2021年3月完成后，尽管得到了出版社编辑们的认同，但是随着一些新资料的不断发现，感觉到稿子还是不够尽善尽美，不够全面深刻，没有充分表达出小麦之于世界的伟大，没有表达清楚小麦对于人类生存发展的巨大影响，更缺乏易于科普教育的可操作性内容。可是后来，文字篇幅越来越长，远超过出版字数限制，压缩亦成难事，以至后来的完稿进度越来越慢，延迟了编著计划。

为了实现图文并茂，《万食之缘·小麦》在图创过程中，我反复构思创作，试图通过一个卡通角色贯穿全书，实现书的趣味性、艺术性和故事性。由林隧等人不懈努力、反复完善，制作绘本插画。谷创业、赵星、李哲也制作了部分插图。所有图片一换再换，反复修改，力求完美。虽然每天加班加点，但还是没有如期完工，心里很是着急内疚。聊以安慰的是终稿的图文呈现，基本如初所愿，争取得到更大范围读者的喜欢。

本书在编写过程中，得到原国家粮食局郗建伟副局长的亲切鼓励，听取了樊立文、李建成、霍清廉等先生的宝贵意见，在此一并致谢。

　　小麦伟大，一书难尽。期望以我们的努力，奉献给读者一本比较满意的小麦科普读物，倘能有所裨益，当是我们对于小麦的崇高礼赞！尽管因为时间的不允许，难免还会有很多缺憾，希望读者朋友能提出更多宝贵的意见，以期再版时，把小麦描写得更加完善、深刻、有趣。翘盼！

　　　　　　　　　　　　　　　　师高民